まえがき

　本書は，『単位が取れる電磁気学ノート』(以下『ノート』)の演習書版である。

　『ノート』が多くの学生さんに愛読され続けていることは，筆者望外の喜びである。

　しかし，限られた紙幅の中で，何もかもを網羅することはできない。『ノート』では，橋元流の「電磁気学とはこういうものなんだ」を説くことによって，電磁気学に苦手意識をもっている学生さんに，「へー，電磁気学って面白いものなんだ」という感覚を味わって頂けることを第一の目的としている。しかし，面白いと思っても，じっさいに問題に挑戦してみると，どう解いていいのかよく分からない，ということは多々あるであろう。『ノート』では，理解を助けるために相当数の演習問題・実習問題を配置したが，より実践的な力をつけるためには，やはりもっと多くの問題を解くことが必要だと思う。

　そんなわけで本書は，構成は『ノート』にほぼ従い，その演習書版として，『ノート』の問題不足を補うこととした。

　とはいえ，いたずらに多くの問題を並べるのは筆者の好むところではない。問題を解くためには，電磁気学の基本法則の理解が必要であるが，それを公式集のように網羅してもあまり意味はないから，短いページの中で，それなりに解説を加えた。はじめて電磁気学を学ぶ人は，まず『ノート』を読んで頂き，その覚え書きのようなつもりで，解説を利用されれば有効かと思う。また，同様の趣旨で，すべての問題について，できるだけ詳しい解説を試みた。最初は解説を読みながら解き，慣れれば問題を見ただけで，それがどのような意図をもった問題なのか見通せるようになればしめたものだと思う。

No.
Date . .

単位が取れる
電磁気学
演習帳

橋元淳一郎
Junichiro Hashimoto

講談社サイエンティフィク

問題のレベルとしては，基本および標準レベルの問題を中心に，やや難レベルの問題を少し含めて選んだ。見た目はむずかしそうな問題もあるが，解説を読めば，理解するのにさほどの努力を要しないことが分かるであろう。また，初学の人がむずかしそうに感じる項目(たとえば電束密度や電磁波など)では，類書にはあまりない，基礎的な理解を問う問題も用意した。

　問題の形式は，演習問題と実習問題の2種類に分けてあるが，内容的にとくに区別があるわけではない。また，難易度のレベルを★の数で5段階に分けているので参考にして頂きたい。

　なお，第1講から第6講には電磁気学では必須の円筒座標や球座標表記に関する問題，および微分演算子∇(ナブラ)に関する問題を1,2題用意している。初学の方には少しとっつきにくいかもしれないが，電磁気学をマスターする上では必須の数学的事項なので，ぜひじっくり取り組んで頂きたい。これらの数学的な問題は，その性格上，それぞれの講の内容とは直接には結びつかないが，本書を最後まで勉強すれば，その必要性がよく理解できるであろう。なお，数学的事項については，拙著『橋元流 物理数学ノート』も参考にして頂ければ幸いである。

　本書を『ノート』と併用して勉強され，皆さんの電磁気学の実力がますますアップすることを望みます。

　最後に，本書の企画から編集まで終始お世話になった講談社サイエンティフィクの三浦基広氏に心より感謝の意を表します。

2007年6月

芦屋・奥池にて
橋元淳一郎

目次

単位が取れる電磁気学演習帳
CONTENTS

講義		PAGE
講義 01	電場と電位	6
講義 02	導体, コンデンサー, 静電エネルギー	34
講義 03	誘電体	58
講義 04	定常電流と磁場	90
講義 05	ローレンツ力	120

| 講義 **06** | 変化する電磁場 | PAGE **146** |

――変位電流と電磁誘導――

| 講義 **07** | マクスウェルの方程式と電磁波 | **180** |

| **付録** | やさしい数学の手引き | **212** |

ブックデザイン――安田あたる

LECTURE 01 電場と電位

◆ 電磁気の次元と単位

　力学における基本的な次元・単位は，質量[kg]，距離[m]，時間[s]の3つであるが，電磁気学においてはこれにあと1つ電磁気的な次元・単位が必要である。

　慣例上，それは電流[A]（アンペア）であるが，第3講までは電気量[C]（クーロン）を基準に考えるのが分かりやすい。

　すべての物理量は，[kg]，[m]，[s]，[A]（あるいはその他の任意の電磁気的単位）の4つの組み合わせで記述できる。

◆ 電気素量

　電気は，具体的には，1個1個の原子の中にある。プラスの電気は原子核にある陽子が，マイナスの電気は電子が担う。

　　陽子のもつ電気量：$1.60\cdots\times10^{-19}$ [C]

　　電子のもつ電気量：$-1.60\cdots\times10^{-19}$ [C]

これは自然界における電気量の最小単位なので，その絶対値を**電気素**

図1-1 ● すべての原子で，原子核(陽子)の＋と電子の－は打ち消し合う。

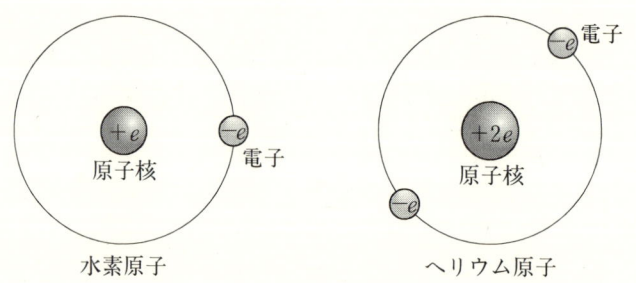

量(素電荷)と呼ぶ。

◆クーロンの法則

電気量 q_1, q_2 の2つの点電荷が距離 r だけ離れているとき，互いに及ぼし合う静電気力の大きさ F は，

$$F = \frac{1}{4\pi\varepsilon_0}\frac{q_1 q_2}{r^2}$$

である。

図1-2● q_1 と q_2 が同符号のとき(斥力)

ε_0 は**真空の誘電率**(この名称は第3講の誘電体にちなむ)である。とりあえずは，電気量の単位クーロンと力の単位ニュートンを取り持つ比例定数と考えておけばよい。具体的な値は，

$$\varepsilon_0 = 8.85\cdots\times 10^{-12}\,[\text{C}^2/\text{N}\cdot\text{m}^2]$$

である。

式の分母に 4π がつくのは，点電荷から電気力線が球対称に出ているとすると，電気力線の密度は球の表面積 $4\pi r^2$ に反比例するからである。

高校物理では，$\dfrac{1}{4\pi\varepsilon_0} = k$ としてしまう。計算をするときは，この方が簡明である。k の値は，

$$k = 8.99\cdots\times 10^9\,[\text{N}\cdot\text{m}^2/\text{C}^2]$$

であるが，これは真空中での光の速さを $c\,(=3.00\cdots\times 10^8\,[\text{m/s}])$ として，$c^2\times 10^{-7}$ のことである。これらの関係は，電磁気学の全体系が見えてくる第7講でその理由が明らかとなる。

クーロンの法則は，その構造が万有引力の法則と同じであることは銘記しておくべきである。ただし，具体的な力の大きさには巨大な差がある。電気力は圧倒的に大きく，重力はきわめて小さい。

◆電場

電気量 q の点電荷が，距離 r の位置につくる電場の大きさ E は，

$$E = \frac{1}{4\pi\varepsilon_0}\frac{q}{r^2}$$

である。

　電場は，クーロンの法則を $+1$ クーロンの点電荷に適用したものだが，現代物理学においてはそれ以上の意味をもっている。すなわち，$+1$ クーロンの電荷があろうとなかろうと，真空の中に電場は「実在」しているとみなすのである。それは電気力線の「混み具合」すなわち密度としてイメージできる。

図1-3● 正の点電荷 q がつくる電場 E。$+1$ クーロンを置かなくても，電場は存在するとみなす。

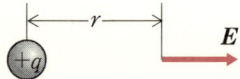

　電場は，もちろんベクトル量である。そして，その向きは $+1$ クーロンの電荷が受ける力の方向である。

　電場の単位はその定義から，[N/C] である。しかし，ふつうは次項の電位の単位ボルトを用いて表記されることが多い。

◆電位

電気量 q の点電荷が，距離 r の位置につくる電位 ϕ は，

$$\phi = \frac{1}{4\pi\varepsilon_0}\frac{q}{r}$$

である。

　電位は，$+1$ クーロンの点電荷がもつ電気的な位置エネルギーと定義される。その単位は [V]（ボルト）である（[V]=[J/C]）。$+1$ クーロンの電荷を対象とし，また正負の値をとることを除けば，重力（万有引力）の位置エネルギーとまったく同じ形をしている。

図1-4 +の電荷は正の電位を，−の電荷は負の電位をつくる。

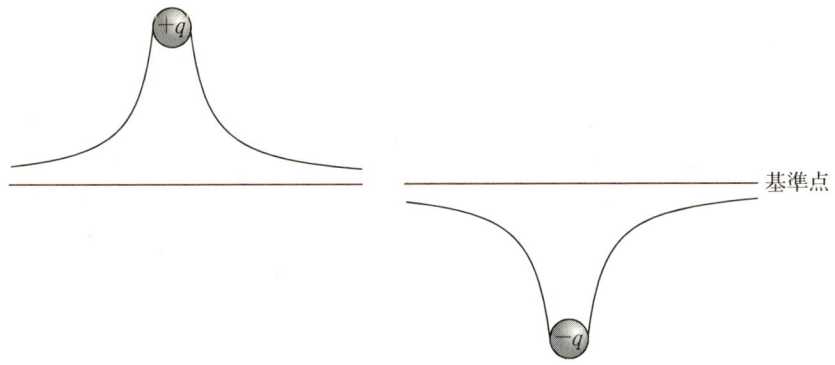

基準点

電位はスカラー量である。点電荷 q の正負に応じて正負の値をとる。

式において，$r \to \infty$ とすれば，$\phi \to 0$ となる。位置エネルギーの基準点は自由に選ぶことができるが，無限遠を基準とするのが何かと便利である。

電位(位置エネルギー)は中心力が存在するときに，その存在が想定できる。そして，電位の空間的な傾きが，力の向きと大きさを決定する。すなわち，前項の電場は，電位の傾きとして導くことができる。それゆえ，電場の単位は，[V/m] となる。

1次元空間なら，傾きは $\dfrac{dy}{dx}$ であるが，一般に3次元空間を考えれば，

$$\boldsymbol{E} = -\nabla \phi$$

である(マイナスをつけるのは，電場の向きと整合性をとるためで，深い意味はない)。

上式をデカルト座標系で具体的に書き下せば，

$$E_x = -\frac{\partial \phi}{\partial x}$$

$$E_y = -\frac{\partial \phi}{\partial y}$$

$$E_z = -\frac{\partial \phi}{\partial z}$$

である。点電荷や線状の電荷などの場合には，対称性から，球座標や円

筒座標を用いた方が便利な場合が多い。よって，∇(ナブラ)のそうした座標系の表記も必要になることがある。

◆ガウスの法則

電荷からは，その電荷がもつ電気量に比例した電気力線が出ている。その比例定数を ε_0 とすると，電気量 $q(>0)$ の電荷からは $\dfrac{q}{\varepsilon_0}$ 本の電気力線が出ていることになる(逆に，電気量が負のときは，電気力線が吸い込まれているとする)。これを点電荷の電場の式(8ページ)と比べれば，電場は電気力線の面積密度とみなすことができる。ここからガウスの法則が導かれる。すなわち，

> 任意の閉曲面を考えたとき，その閉曲面から垂直方向に出ている電場を閉曲面全体にわたって積分すれば，それは閉曲面内部に存在する電荷に比例した $\dfrac{q}{\varepsilon_0}$ に等しい。

図1-5● ガウスの法則

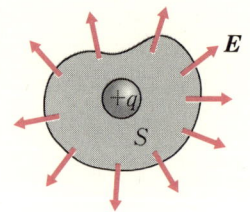

$$\int_S \boldsymbol{E} \cdot \boldsymbol{n}\, \mathrm{d}S = \frac{q}{\varepsilon_0} \quad (\boldsymbol{n} \text{ は閉曲面の法線方向の単位ベクトル})$$

これを微分形で書けば，

$$\mathrm{div}\, \boldsymbol{E} = \frac{\rho}{\varepsilon_0} \quad (\rho：電荷密度)$$

上式をむずかしく考えてはいけない。これを直接解くことはほとんどない。電荷と電気力線をイメージできればよいのである。

◆電場を求める問題

電荷の分布が与えられて，その周囲に生じる電場を求める問題を解くには，3つの方法が考えられる。

①点電荷の電場の式を，直接積分することによって求める。
②まず電位を求め，その傾きとして電場を求める。
③ガウスの法則から求める。

どの解法を選ぶかは臨機応変であるが，とくに③ガウスの法則は，直感的に電場が対称性をもっていることが分かる場合，非常に有効である。

◆電気双極子

電気量 q と $-q$ の2つの点電荷が距離 l だけ離れている系を考える。この系を，l に比べて十分大きな距離から眺めると，全体の電荷は0だが，正負の電荷の位置のわずかなズレの効果が出てくる。このような系を**電気双極子**と呼ぶ。

原子に外部から電場をかけると，原子核と電子の配置がわずかにずれて，微小な電気双極子となる。

電気双極子モーメント(力学のモーメントと類似の物理量)の大きさ p は

$$p = ql$$

電気双極子モーメントはもちろんベクトル量であり，その向きは $-q$ から $+q$ の方向である。

図1-6 ● 電気双極子

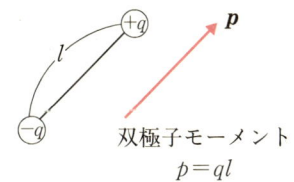

双極子モーメント
$p = ql$

◆ポアソンの方程式

電場と電位の関係(8 ページ)と，ガウスの法則(10 ページ)より，電位に関する方程式が出てくる。これを **ポアソンの方程式** と呼ぶ。

$$\nabla^2 \phi = -\frac{\rho}{\varepsilon_0}$$

ふつう，電荷の存在しない空間の電位を求めることが多いから，その場合は右辺が 0 となる。

$$\nabla^2 \phi = 0$$

これを **ラプラスの方程式** という。

これらの方程式を直接，解くことはあまりない。しかし，電磁気学の全体像をイメージする上で重要な式である(第 2 講)。

◆演習問題・実習問題

とくに断りのないかぎり，空間は真空であり，指定された電荷以外の電荷はないものとする。また，演習問題 1-2 以降は，定数として真空の誘電率 ε_0 を適宜用いよ。

演習問題 1-1 ★★☆☆☆

1円玉は，約1グラムのアルミニウムでできている。1円玉に含まれるプラスおよびマイナスの電気量の絶対値は，それぞれおよそ何クーロンか。ただし，アルミニウムの原子番号は13である。また，アルミニウムの原子量を27，アヴォガドロ定数を 6.0×10^{23} [/mol]，1個の陽子がもつ電気量（電気素量）を 1.6×10^{-19} [C] とする。

図1-7● 1円玉

ヒント！ 電磁気学を学ぶにあたり，物質は原子からできており，原子核がプラスの電荷を，電子がマイナスの電荷を担う粒子であること，また1クーロンとはどの程度の電気量なのか，などの具体的なイメージを捉えておこう。

解答&解説 アルミニウムの原子量が27とは，アルミニウム27グラムが1モル（＝ 6.0×10^{23} 個）の原子からなることを意味する。すなわち，アルミニウム1グラムに含まれる原子の個数は，$\dfrac{1}{27}$ モル $= \dfrac{6.0\times10^{23}}{27}$ である。

また，アルミニウムの原子核に含まれる陽子は13個，電子もまた13個である。

以上より，アルミニウム1グラムに含まれる正負それぞれの電気量の

絶対値 Q は,

$$Q = \frac{1}{27} \times 6.0 \times 10^{23} \times 13 \times 1.6 \times 10^{-19}$$
$$= 4.6 \times 10^4 \text{ [C]} \quad \cdots\cdots(答)$$

ひとこと 1個の1円玉の中には, 正負それぞれ4万6000クーロンの電気が存在することになる。言い換えれば, この問題からは, 1クーロンという電気量が, われわれの日常感覚と比べて微小な量であることが分かる。

●電磁気学を創った人々

クーロン(1736-1806)

> **実習問題 1-1** ★★☆
>
> 同じ電気量で帯電した2つの1円玉を1メートル離して置いたとき、互いに働く静電気力が、1円玉に働く（地球からの）重力と等しくなるようにするためには、帯電する電気量を何クーロンにしなければならないか。ただし、クーロン力の比例定数 k の値を 9.0×10^9 [N·m²/C²]、重力加速度の大きさを 9.8 [m/s²] とする。

ヒント! 前問に関連して、電気力と重力の比較をし、電気力が重力と比べていかに巨大な力であるかを認識しておこう。

1個の1円玉には、正負それぞれ4万6000クーロンもの電気があるが、ふつうはその正負が完全にキャンセルされているため、巨大な電気力は表に現れない。この問題より、1円玉に重力と同じ程度の効果をもたらすには、わずか100万分の1クーロンの電気で十分なことが分かる。

解答&解説 2つの1円玉の距離を r、帯電した電荷を q とすると、その間に働くクーロン力の大きさ F は、

$$F = k \frac{q^2}{r^2}$$

である。1円玉の質量を m、重力加速度の大きさを g とすると、重力の大きさは mg だから、上のクーロン力 F がこの重力と等しいとすれば、

$$k \frac{q^2}{r^2} = mg$$

これを q について解いて、数値を代入すれば、

$$q = r\sqrt{\frac{mg}{k}} = 1.0 \times \boxed{\text{(a)}}$$

$$= 1.0 \times 10^{-6} \text{ [C]} \quad \cdots\cdots \text{(答)}$$

ひとこと この答えは、1円玉がもつ電荷の400億分の1以下である。つまり、1クーロンという電荷は物質の中に含まれる電荷としては非常に小さいが、それでも重力など日常的な力を表すにはあまりに大きな電荷である。

(a) $\sqrt{\dfrac{1.0 \times 10^{-3} \times 9.8}{9.0 \times 10^9}}$

講義01 ● 電場と電位

演習問題 1-2 ★★☆☆

x-y 平面上の点 $(l, 0)$ $(l > 0)$ に電気量 $q(>0)$ の点電荷 A を，$(-l, 0)$ に電気量 $-q$ の点電荷 B を固定する。このとき，y 軸上の任意の点 $(0, y)$ における電位と電場を求めよ。ただし，電位の基準点は電荷から無限に離れた点にとる。

図1-8

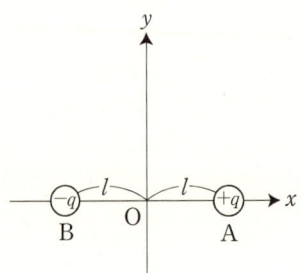

ヒント！ 電位はスカラー量，電場はベクトル量である。そのため一般的には，合成電場よりも合成電位を求める方が簡単である。電場は電位の傾きとして求めることができるが，この問題のように，点電荷がつくる電場の場合は，直接電場の式から求める方が簡単な場合が多い。

解答＆解説 y 軸は，点電荷 A および B から等距離であるから，y 軸上のすべての点において，電位は 0 であることは明らかである。

$$\phi = 0 \quad \cdots\cdots(答)$$

電場は電位の傾きであるが，y 軸方向に傾きが 0 であるからといって軽率に 0 としてはいけない。電位の最大傾斜の方向を考えねばならない。よって，この問題の場合は，電位の微分からではなく，直接，電場の法則から求める方が簡単である。

y 軸上の任意の点 P(OP=y) における電場の様子は次ページの図のようになる。よって，電場の大きさについて，

$$E_+ = E_- = k\frac{q}{y^2 + l^2}$$

が成り立つ。

図1-9

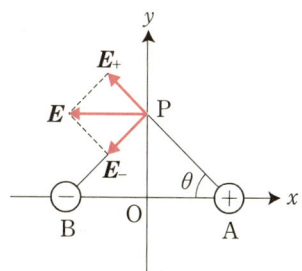

図より，電場は x 軸の負方向を向く。また，その大きさは線分PAが x 軸となす角を θ として，

$$E = 2E_+ \cos\theta$$

であるから，

$$E = 2k\frac{q}{y^2+l^2}\frac{l}{\sqrt{y^2+l^2}}$$

$$= \frac{ql}{2\pi\varepsilon_0(y^2+l^2)^{\frac{3}{2}}} \quad (\text{向きは}\,x\,\text{軸負方向}) \quad \cdots\cdots(\text{答})$$

ひとこと y が十分大きいとき，この2つの点電荷は1つの電気双極子とみなせる。答えで $y \gg l$ とすれば，$E \propto \dfrac{1}{y^3}$ となる。すなわち電場は距離の3乗に反比例する。これは y 方向にかぎったことではない。x 方向でも同じ結果が得られる（『電磁気学ノート』演習問題2-1参照）。

実習問題 1-2 ★★★

x-y 平面上の 2 点 $(l,0)$ と $(-l,0)$ に電気量 $q(>0)$ の点電荷 A, B を固定する。このとき，y 軸上で電場の大きさが最大となる位置はどこか。また，そのときの電場の大きさを求めよ。

図1-10

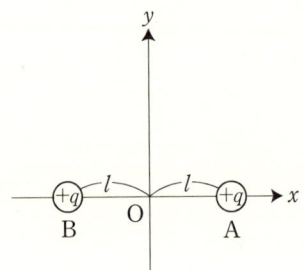

ヒント！ 対称な 2 つの点電荷がつくる電位の様子をイメージできれば（次図），見通しはすぐに立つであろう。

図1-11 ● 等電位図のイメージ

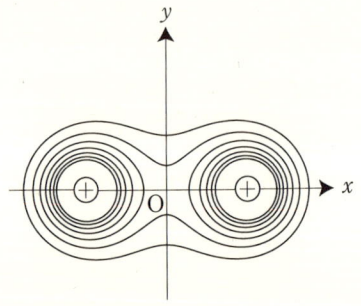

原点はちょうど馬の背の位置（鞍点）で，電位の傾き 0 だから電場は 0。$y\to\infty$ で電場も 0 に近づくから，その途中のどこかで電位の傾き（＝電場）が最大になる点があるはずである。もちろん，x 軸に対しても対称だから，そのような点は 2 カ所ある。

解答&解説 y軸上での電場の向きは対称性よりy軸方向である。この電場を直接求めてもよいが，ここではy軸上の電位ϕをまず求めよう。x軸に対しても対称だから，$y \geqq 0$の場合だけを考える。

図1-12● AとBが点Pにつくる電位は同じ $\phi_A = \phi_B$

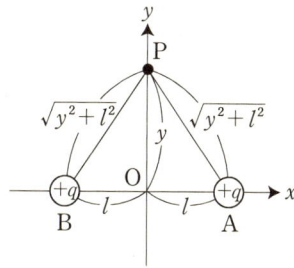

上図より，点$P(0, y)$の2つの点電荷A, Bによる合成電位$\phi(y)$は，

$$\phi(y) = \phi_A + \phi_B = \frac{1}{4\pi\varepsilon_0} \frac{2q}{\sqrt{y^2 + l^2}}$$

$$= \frac{q}{2\pi\varepsilon_0 \sqrt{y^2 + l^2}}$$

電場の向きがy軸方向ということは，電位の最大傾斜がy軸方向ということなので，電場の大きさ$E(y)$は，$\phi(y)$をyで微分すればよい（マイナスをつけるのは，電場の向きと整合性をとるためである。9ページ参照）。

$$E(y) = -\frac{d\phi(y)}{dy}$$

$$= \frac{q}{2\pi\varepsilon_0} \cdot \frac{1}{2} (y^2 + l^2)^{-\frac{3}{2}} \cdot 2y$$

$$= \boxed{\text{(a)}}$$

$E(y)$の極値は，$E(y)$の微分係数が0の点であるから，

$$\frac{dE(y)}{dy} = \frac{q}{2\pi\varepsilon_0} \frac{l^2 - 2y^2}{(y^2 + l^2)^{\frac{5}{2}}}$$

$$= \frac{q}{2\pi\varepsilon_0} \frac{(l + \sqrt{2}\, y)(l - \sqrt{2}\, y)}{(y^2 + l^2)^{\frac{5}{2}}}$$

$y \geqq 0$ の領域だけで考えているから,この式は $y = \dfrac{l}{\sqrt{2}}$ のとき 0,すなわちこのとき電場の大きさは最大となる。

y	0		$\dfrac{l}{\sqrt{2}}$	
$\dfrac{dE}{dy}$		+	0	−
E	0	↗	最大	↘

$y < 0$ では,対称性より,$y = -\dfrac{l}{\sqrt{2}}$ のとき,同じく電場の大きさは最大となる。ただし,このときの電場の向きは y 軸負方向である。

以上より,y 軸上で電場の大きさが最大となる点は,

$$y = \pm \dfrac{l}{\sqrt{2}} \quad \cdots\cdots (答)$$

このときの電場の大きさ $E_{\max}$ は,

$$E_{\max} = E\left(y = \pm \dfrac{l}{\sqrt{2}}\right) = \dfrac{q}{2\pi\varepsilon_0} \dfrac{\dfrac{l}{\sqrt{2}}}{\left(\dfrac{l^2}{2} + l^2\right)^{\frac{3}{2}}}$$

$$= \boxed{\text{(b)}} \quad \cdots\cdots (答)$$

....

(a) $\dfrac{q}{2\pi\varepsilon_0} \dfrac{y}{(y^2 + l^2)^{\frac{3}{2}}}$ (b) $\dfrac{\sqrt{3}\,q}{9\pi\varepsilon_0 l^2}$

大きさ p の双極子モーメントをもつ電気双極子を，大きさ E の一様な電場に対して θ の角度で置いた。このとき，この電気双極子は電場からどんな力を受けるか。

図1-13

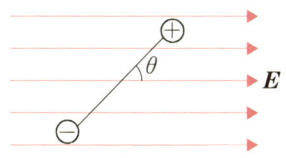

電気双極子といえども，クーロンの法則に従うわけだから，l だけ離れた正負の点電荷それぞれに働く静電気力を考えればよい。

解答＆解説 電荷 q と $-q$ の2つの点電荷が距離 l だけ離れているとすれば，その電気双極子モーメントの大きさ p は，
$$p = ql$$
である。

　この2つの点電荷に働く静電気力は図のようになる。正電荷と負電荷の大きさは等しいから，全体として力はつりあっている。すなわち，この双極子に働く力は，双極子を回転させようとする偶力だけである。

図1-14

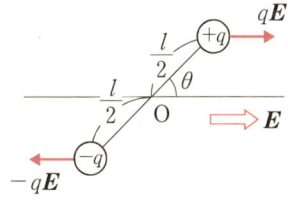

　たとえば，2つの点電荷の中点Oに関する力のモーメント N を考えれば，Oを中心に双極子を右回転させようとする力が働き，

$$N = qE\sin\theta \times \frac{l}{2} + qE\sin\theta \times \frac{l}{2}$$
$$= qlE\sin\theta$$
$$= pE\sin\theta \quad \cdots\cdots(答)$$

ひとこと 点Oをモーメントの作用点としたのは，話を分かりやすくするためであって，作用点は任意の点でよい。また，結果より $\theta=0$ のとき偶力のモーメントは0となるから，このような電気双極子は電場の方向と平行になってつりあうことになる。

●電磁気学を創った人々

アンペール(1775-1836)

演習問題 1-4 ★★★☆☆

導線で半径 a の円をつくり，この導線に電荷 $Q(>0)$ を与えると，電荷は円周に沿って一様に分布した。円の中心 O を通り，O を原点として，円に対して垂直な軸を z 軸としたとき，z 軸上の各点の電場と電位を求めよ。

図1-15

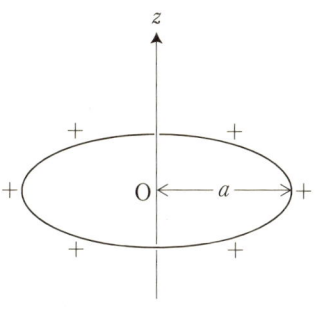

ヒント！ 円周上の各点の微小電荷を積分すればよいが，円周から z 軸上までの距離は，どの微小部分からも等しいから，電位に関しては，けっきょく電気量 Q の点電荷がつくる電位と同じことになる。

解答&解説 まず z 軸上の任意の点 $\mathrm{P}(\mathrm{OP}=z)$ の電位 $\phi(z)$ を求める。

図1-16

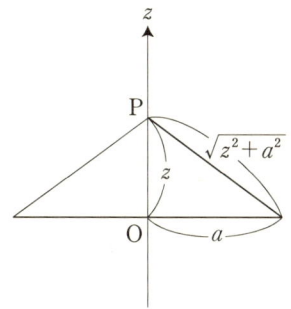

円周上に分布した電荷の線密度を $\rho\left(=\dfrac{Q}{2\pi a}\right)$ とすると，微小角 $d\theta$ をなす微小円弧の長さは $a d\theta$ だから，そこにある電気量は $\rho a d\theta$ である。

よって，この微小電荷が点Pにつくる電位 $d\phi$ は，クーロンの比例定数を k として，

$$d\phi = k\frac{\rho a d\theta}{\sqrt{z^2+a^2}}$$

ゆえに，点Pの電位 ϕ は，

$$\phi = \int d\phi = \int_0^{2\pi} k\frac{\rho a d\theta}{\sqrt{z^2+a^2}}$$

$$= k \cdot \frac{2\pi a \rho}{\sqrt{z^2+a^2}}$$

$$= \frac{Q}{4\pi\varepsilon_0\sqrt{z^2+a^2}} \quad \cdots\cdots(答)$$

次に電場を求める。電場の向きは対称性より z 軸の方向を向く（$z>0$ では z 軸正方向，$z<0$ では z 軸負方向）。

図1-17

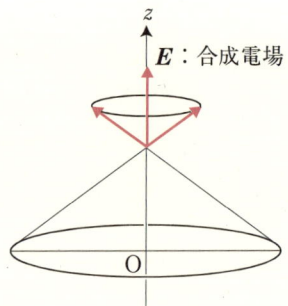

E：合成電場

よって，この場合は電場の公式を積分しなくても，電位の z 方向の傾きを求めればよい。すなわち，ϕ を z で微分すればよい。

$$E = -\frac{d\phi}{dz}$$

$$= \frac{Qz}{4\pi\varepsilon_0(z^2+a^2)^{\frac{3}{2}}} \quad \cdots\cdots(答)$$

 **実習問題 1-3** ★★★★

無限に長い直線の上に，線密度 $\rho(>0)$ の電荷が一様に分布している。この直線から距離 R_2 だけ離れた点に電気量 $q(>0)$ の点電荷を置き，直線に向かってゆっくりと，直線から距離 $R_1(<R_2)$ の点まで動かす。このとき必要な仕事を求めよ。

図1-18

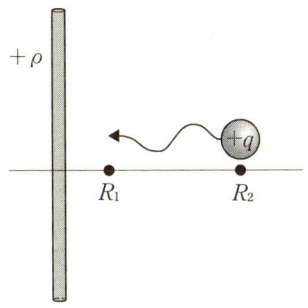

ヒント! 直線に分布した電荷が，R_1, R_2 につくる電位が分かれば話は簡単であるが，この問題の場合，無限に長い直線上の微小電荷がつくる電位を積分すると，無限大に発散してしまう。その理由は，点電荷がつくる電位は無限遠に向かって漸近的に 0 へと収束する $\left(\dfrac{1}{r}\text{に比例}\right)$ が，直線電荷の場合はマイナス無限大へと発散する $\left(\log\dfrac{1}{r}\text{に比例}\right)$ からである。ただし，R_1 と R_2 の電位差は求めることができる。しかし，電位を求めるよりもガウスの法則によって電場を求める方がはるかに簡単である（『電磁気学ノート』29 ページ）から，「電場の力×移動距離」という仕事の定義から直接求めるのがよい。

解答&解説 直線を z 軸に選ぶと，対称性より，電場は z 方向に一様で，かつ z 成分をもたない。また，直線から距離 r の円周をとると，円周上の電場はすべて円周に垂直外向きで，その大きさ E は同じである。

そこで，z 軸方向に幅 dz，半径 r の円筒を考え，それにガウスの法則を適用する。電場の z 成分はないから，この円筒から出ていく電場は円筒の周囲の E だけである。

図1-19 ● 対称性より，半径 r の円周上で電場の大きさは同じ。

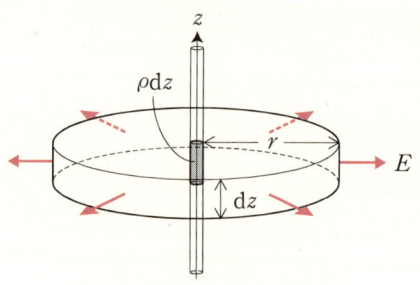

$$2\pi r \mathrm{d}z \times E = \frac{\rho \mathrm{d}z}{\varepsilon_0}$$

$$\therefore \quad E = \boxed{}_{(a)}$$

よって，点電荷 q を r から $r+\mathrm{d}r$ まで動かすのに必要な仕事 $\mathrm{d}W$ は，

$$\mathrm{d}W = -qE\mathrm{d}r$$

である。

　負号をつけた意味は，電場 $\boldsymbol{E}$ は外向き（r の増大方向）だから，電場がする仕事 $E\mathrm{d}r$ は $\mathrm{d}r$ が正のとき正である。求めるものは，電場にさからってする仕事であるから，$\mathrm{d}r$ が正のとき負，$\mathrm{d}r$ が負のとき正としなければならない。

図1-20 ● 点電荷 q を負方向に $\mathrm{d}r$ 運ぶのに必要な仕事は正

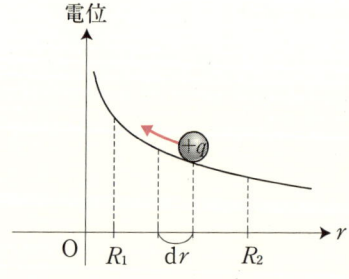

よって，点電荷 q を R_2 から R_1 まで運ぶのに必要な仕事 W は，

$$W = \int dW = -\int_{R_2}^{R_1} \frac{\rho q \, dr}{2\pi\varepsilon_0 r}$$

$$= -\frac{\rho q}{2\pi\varepsilon_0} \Big[\log r \Big]_{R_2}^{R_1}$$

$$= \boxed{\text{(b)}} \quad \cdots\cdots (答)$$

ひとこと 答えの q を除いた部分が，R_1 と R_2 の電位差ということになる。前述したように，この場合，電位の基準を無限遠に選ぶことはできないが，適当な点 $r = R_0$ を基準にとれば，そのときの電位 ϕ は，

$$\phi = \frac{\rho}{2\pi\varepsilon_0} \log \frac{R_0}{r}$$

となる。これは次のように書き換えても同じである。

$$\phi = -\frac{\rho}{2\pi\varepsilon_0} (\log r - \log R_0)$$

図1-21 ● R_0 を基準に選んだときの電位

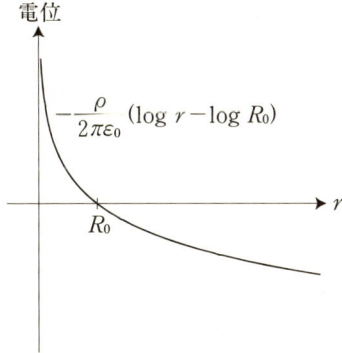

そして，

$$E = -\frac{d\phi}{dr}$$

というおなじみの電場と電位の関係が成立する。

(a) $\dfrac{\rho}{2\pi r \varepsilon_0}$ (b) $\dfrac{\rho q}{2\pi\varepsilon_0} \log \dfrac{R_2}{R_1}$

実習問題 1-4 無限に拡がる薄い平板に，面積密度 $\sigma(>0)$ の電荷が帯電している。平板から距離 x の点における電場と電位を求めよ。

ヒント！ 微小平面のつくる電位を積分して求めてもよいが，各点の電場がなんらかの対称性をもつときには，電場に関するガウスの法則が使えないかを検討すべきである。ガウスの法則を用いれば，面倒な積分計算を省ける。この場合は電場を先に求め，電位は電場を積分すればよい。

解答&解説 帯電している平板を y–z 平面にとる。そうすると，直感的に電場 E は平板に垂直，すなわち x 成分だけをもち，かつ E は一様で y と z にはよらないことが分かる。

図1-22

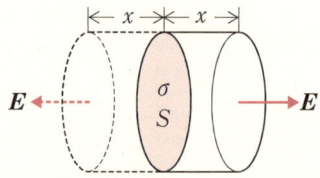

いま，図のように平板に適当な面 S をとり（分かりやすく円形にしておく），平板に垂直で長さ $2x$，断面積 S の円筒を想定する。平板の電荷は正であるから，円筒の $+x$ 面から出る電場は一様で向きは x 軸正方向である。この電場の大きさを E とする。円筒の $-x$ 面から出る電場は対称性より，x 軸負方向で大きさはやはり E である。最初に述べたように，電場の y, z 成分はないから，この円筒から出ている電場はこれだけである。そこで，この円筒にガウスの法則を適用すると，

$$2ES = \frac{\sigma S}{\varepsilon_0}$$

よって，

$$F = \boxed{\text{(a)}} \quad \cdots\cdots(\text{答})$$

この電場の大きさは定数であり，x によらない。その理由は，電荷が無限に拡がっていることによる。

電位は電場の積分として求められるから，

$$\phi = -\int E\,dx = -\frac{\sigma}{2\varepsilon_0}x$$

この場合，電位の基準を無限遠に置くわけにはいかないので(その理由もまた，電荷が無限に拡がっているからである)，$x=0$ を基準とした。ϕ が $-x$ に比例するということは，平板から離れるに従って電位は直線的な坂道のように下がっているということである。ただし，$x<0$ でもまた電位は下がらなくてはならないから，けっきょく，

$x=0$ を電位の基準点として，

$$x>0 \text{ では} \quad \phi = -\frac{\sigma}{2\varepsilon_0}x$$

$$x<0 \text{ では} \quad \phi = \frac{\sigma}{2\varepsilon_0}x$$

すなわち，

$$\phi = \boxed{\text{(b)}} \quad \cdots\cdots(\text{答})$$

図1-23

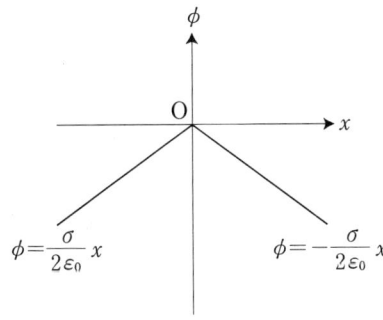

(a) $\dfrac{\sigma}{2\varepsilon_0}$ (b) $-\dfrac{\sigma}{2\varepsilon_0}|x|$

 **演習問題 1-5** ★★☆☆☆

2次元平面の微小面積要素 dS は，デカルト座標系 x-y の微小要素 dx, dy を用いた場合，図から明らかなように，

$$dS = dx dy$$

である。

dS は2次元極座標系 r-θ の微小要素 $dr, d\theta$ を用いればどのように書けるか。

図1-24

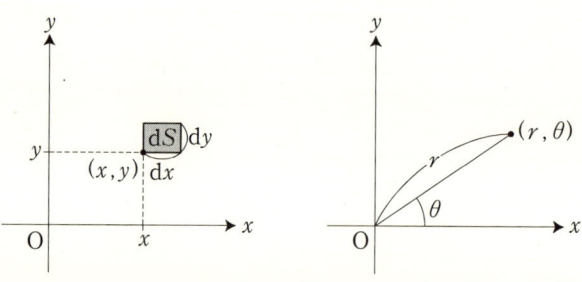

> **ヒント！** 物理学で用いられる座標系は，そのほとんどがデカルト座標と極座標（円筒座標，球座標）である。それゆえ，デカルト座標はいうまでもなく，極座標にも習熟していなければならない。コツは，つねに図形的イメージを描くこと。そして微小要素に関しては，微分の基本である**1次の微小量は考慮するが，2次の微小量は無視する**という考えを貫けばよい。

解答＆解説

図1-25 ● 2次元極座標の微小面積要素

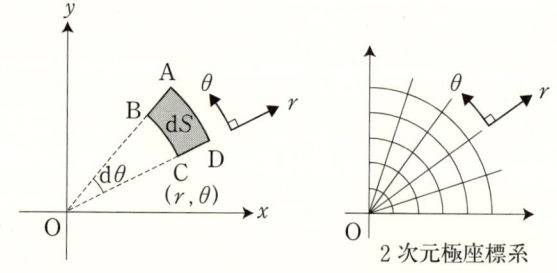

2次元極座標系

2次元極座標における微小面積要素 dS は，左図のような形にとればよい。その理由は，極座標の座標軸を描けば，右図のようになるからである。θ 座標軸は曲線(円)を描くが，つねに r 座標軸と直交している。すなわち極座標は直交座標系である。

　図の微小面積要素 ABCD のうち，辺 AD と辺 BC は曲線であるが，微小になれば直線とみなせる。すなわち，ABCD を直線で囲まれた台形と考えればよい。すると，図形の性質から，

$$AB = CD = dr$$
$$BC = r d\theta$$
$$AD = (r+dr)d\theta$$

　ここで，AD が BC よりわずかに長いことは，一般的にはつねに考慮しておかねばならない。しかし，線分の長さだけを考える場合には，

$$AD = r d\theta + dr d\theta$$

において，右辺の第1項 $r d\theta$ が1次の微小量であるのに対して，第2項 $dr d\theta$ は2次の微小量である。よって，この場合には，

$$AD = r d\theta$$

としてしまってよい。これが微分の考え方である。すなわち，微小面積要素 ABCD は長方形とみなしてよく，

$$\begin{aligned} dS &= AB \times BC \\ &= dr \times r d\theta \\ &= r dr d\theta \quad \cdots\cdots \text{(答)} \end{aligned}$$

実習問題 1-5

3次元デカルト座標系の変数 x, y, z を，球座標(3次元極座標)系の変数 r, θ, φ を使って表せ。

図1-26

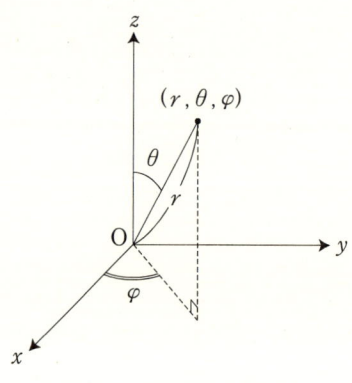

 2次元平面におけるデカルト座標 x–y と極座標 r–θ の関係は，次図より，

$$x = r \cos \theta$$
$$y = r \sin \theta$$

である。同様の考え方を3次元に拡張すればよい。

図1-27

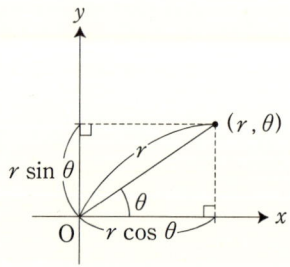

解答 & 解説 次ページの図のように，点 $P(r, \theta, \varphi)$ から x–y 平面に下ろした垂線の足を H，点 H から x 軸に下ろした垂線の足を M，点 H から y 軸に下ろした垂線の足を N とする。

図1-28

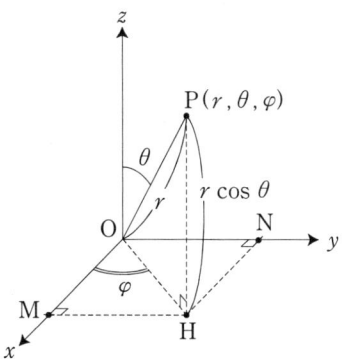

図より，
$$\mathrm{OH} = r\sin\theta$$
であるから，
$$\mathrm{OM}(x) = \mathrm{OH}\cos\varphi = r\sin\theta\cos\varphi$$
$$\mathrm{ON}(y) = \mathrm{OH}\sin\varphi = \boxed{(a)}$$
また，
$$\mathrm{PH}(z) = r\cos\theta$$
以上をまとめて，
$$\left.\begin{array}{l} x = r\sin\theta\cos\varphi \\ y = r\sin\theta\sin\varphi \\ z = \boxed{(b)} \end{array}\right\} \quad \cdots\cdots(答)$$

....

(a) $r\sin\theta\sin\varphi$ (b) $r\cos\theta$

LECTURE 02 導体・コンデンサー・静電エネルギー

◆導体の性質

　内部に自由に動ける電荷が無数にある物質を(完全)**導体**と呼ぶ。
　自由に動ける電荷がつりあいの状態で静止しているかぎり，(完全)導体の内部の電場はつねに 0 である。なぜなら，外部から電場をかけたとき，自由に動ける無数の電荷は，その電場によって素早く動いて逆向きの電場をつくり，外部からの電場を完全に打ち消すからである(図参照)。

図2-1● 導体内部の電場は 0

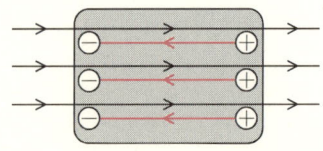

　金属の内部には自由電子(負の電荷)が多数存在する。金属内の自由電子は原子との衝突によって抵抗を受けるので，厳密には完全導体とはいえないが，ほぼ完全導体と考えてよい。
　導体の表面では，外部電場は必ず導体表面に垂直になる。なぜなら，導体表面に平行な電場成分があれば，自由電荷はその電場成分によって，電場を打ち消す方向にすみやかに動くからである。

図2-2● 電場は導体表面に垂直

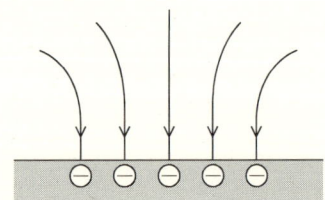

==自由電荷がつりあいの位置で静止しているかぎり，連続した導体の電位はどこも同じである。==　これは電場が 0 であることより明らかである。

導体の内部に外部と遮蔽された閉じた空間があるとき，外部の電場の有無とは関係なく，その空間に電荷がないかぎり，その空間内の電場は 0 で，電位は一定である。これを**静電遮蔽**と呼ぶ。

図2-3● 静電遮蔽

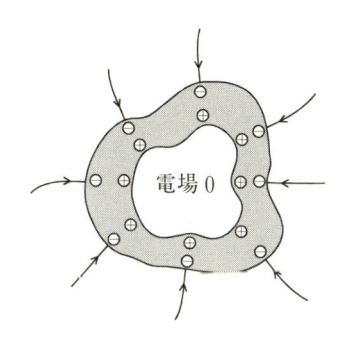

◆電気鏡像法

導体の外部に電場があるとき，導体内の自由電荷はその電場に応じて移動し，導体表面に分布する。この分布を求めることは，ふつうはなかなかむずかしいが，導体表面が平面や球面である場合には，**電気鏡像法**という便利な方法が使えることが多い。

図2-4● 電気鏡像法——境界条件が一致するように点電荷を置く。

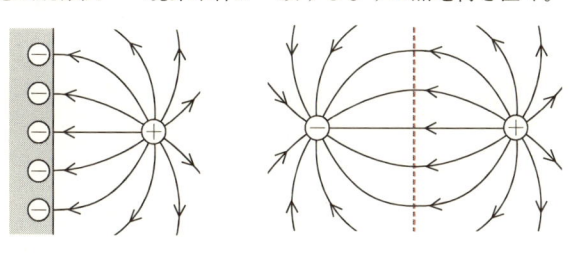

たとえば，上図のような場合，導体表面はちょうど鏡のような役割をし，導体の代わりに導体面に対称な位置に逆符号の点電荷を置くことによって解くことができる。こうしたことが可能な理由は，導体面ではつ

ねに電位が一定で，かつ電場が面に垂直であるという条件(境界条件)が成立するが，導体面の代わりに適当な点電荷などを仮想的に置くことにより，まったく同様の境界条件をつくれる場合があるからである。

◆コンデンサー

電気容量の公式：$Q=CV$　C の単位は[F]（ファラッド）（＝[C/V]）
平行平板コンデンサーの場合の電気容量：$C=\dfrac{\varepsilon_0 S}{d}$

図2-5● 平行平板コンデンサー

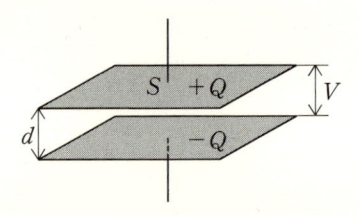

電位の異なる2つの導体があれば，その導体間には電場が生じ，導体表面にはそれぞれ正負の電荷が分布するから，この一対の導体は，その形状にかかわらずコンデンサーとみなせる。平行平板コンデンサー以外のコンデンサーについては，電気容量の公式 $Q=CV$ を用いて，電荷 Q を帯電させたときの電位差 V を求めれば，電気容量 C が求まる。

◆静電エネルギー

コンデンサーの静電エネルギー：$U=\dfrac{1}{2}CV^2$

静電エネルギーは，電場の存在する空間に分布していると考えることができる。(真空中に)大きさ E の電場がある点での静電エネルギーの密度 u（[J/m³]）は，

$$u=\dfrac{1}{2}\varepsilon_0 E^2$$

◆演習問題・実習問題

とくに断りのないかぎり，空間は真空であり，問題に与えられた以外に電荷はないものとする。また，真空の誘電率 $\varepsilon_0 (\fallingdotseq 8.85 \times 10^{-12}$ $[C^2/N \cdot m^2])$ は与えられたものとして用いてよい。

演習問題 2-1 ★★☆☆☆
半径 R の孤立した導体球がある。この導体球の(無限遠に対する)電気容量はいくらか。また，このことを用いて地球の電気容量を求めよ。ただし，地球は導体でできており，その半径は 6400[km] であるとする。

図2-6 ● 地球の電気容量は？

ヒント！ 電荷を蓄えられる導体は，すべてコンデンサーとみなすことができる。(静電気力の範囲内で)連続した導体の電位はどこも同じであるから，それを V としたとき，その導体が蓄えている電気量 Q との間に，つねに $Q = CV$ の関係が成立する。この式を電気容量 C の定義とみなせばよい。電位 V が電荷 Q と比例するのは明らかである。電位 V とは1クーロンの電荷がもつ位置エネルギーであり，蓄えられている電荷が2クーロンになれば，位置エネルギーが2倍になるのは自明だからである。

解答&解説 半径 R の導体球に電気量 $Q (>0)$ が蓄えられているとする。導体の性質によって，この電気量 Q は導体表面に分布する。また対称性により，その分布は一様である。よって，導体球の外側の空間に生じる電位 ϕ と電場 $\boldsymbol{E}$ (大きさ E) は球対称となる。

いま，導体球の中心からの距離を r とする半径 r の球を想定する。$r>R$ のとき，この球面にガウスの法則を適用すれば，

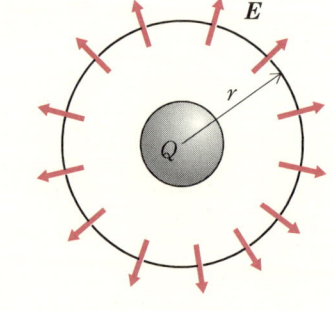

図2-7● 電場 E は球対称

$$4\pi r^2 E = \frac{Q}{\varepsilon_0}$$

$$\therefore \quad E = \frac{Q}{4\pi\varepsilon_0 r^2}$$

これは，$r=0$ に電気量 Q の点電荷があるときの電場と同じである。よって，$r>R$ の空間での電位 ϕ もまた，電気量 Q の点電荷がつくる電位と同じになるであろう。すなわち，無限遠を電位の基準として，

$$\phi = \frac{Q}{4\pi\varepsilon_0 r}$$

よって，導体球の表面($r=R$)での電位を V とすると，

$$V = \frac{Q}{4\pi\varepsilon_0 R}$$

$r=R$ には電荷 Q が存在するから，$r>R$ の空間での電位をそのまま $r=R$ に適用していいのかという疑問が生じる。実は，これはちょっとややこしい問題なので，ここではそうしたことには目をつむることにしよう。

ところで，この導体球の電気容量を C とすれば，$Q=CV$ がつねに成立するから，

$$C = \frac{Q}{V}$$

$$= 4\pi\varepsilon_0 R \quad \cdots\cdots\text{(答)}$$

この結果を地球に適用すれば，

$$C_{地球} = 4\times 3.14 \times 8.85 \times 10^{-12} \times 6400 \times 10^3$$

$$= 7.11 \times 10^{-4}\,[\text{F}] \quad \cdots\cdots\text{(答)}$$

ひとこと 電気容量の単位は [F]（ファラッド）であるが，これは $Q=CV$ の関係より，[C/V]（クーロン／ボルト）のことである。また真空の誘電率 ε_0 の単位は，ファラッドを用いれば，[F/m] である。

実習問題 2-1 ★★☆☆☆

内径が a の導体球殻の中心に電気量 $q(>0)$ の点電荷を置き,導体球殻は接地する。このとき導体球殻の内部の電場と電位を求めよ。ただし電位の基準は接地点にとるものとする。

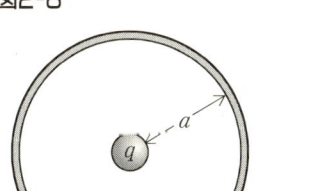

図2-8

ヒント! 電場が球対称であることは明らかだから,ガウスの法則を用いれば悩むことは何もない。

解答&解説 導体球殻の中心から半径 r の球面を考え,その球面上の電場の大きさを $E(r)$ とする。

図2-9 ● 電場は球対称

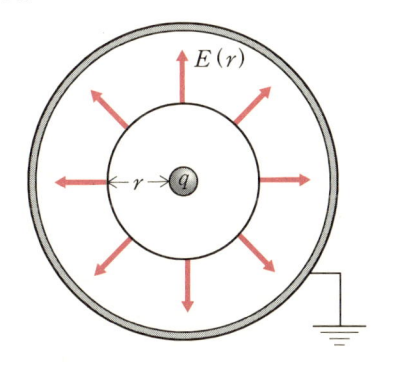

この電場は対称性から,球面上のどこも同じ大きさで,向きは球面に垂直外向きである。この球面にガウスの法則を適用して,

$$4\pi r^2 E(r) = \frac{q}{\varepsilon_0}$$

$$\therefore\ E(r) = \boxed{\text{(a)}} \quad \cdots\cdots(\text{答})$$

講義02 ● 導体,コンデンサー,静電エネルギー

ひとこと この結果は，導体球殻がなく点電荷だけが存在する場合と同じである。ただし，それは導体が球状だからである。もし導体が球状でなかったり，点電荷が球殻の中心になければ，電場は球対称にはならないから，このような簡単な結果にはならない。

電位 $\phi(r)$ もまた球対称になるはずだから，求めた $E(r)$ をそのまま r について積分すればよい。

$$\phi(r) = -\int E(r)\,dr$$

$$= \frac{q}{4\pi\varepsilon_0 r} + C \quad (C\text{ は積分定数})$$

境界条件より，$r=a$ のとき $\phi(a)=0$ として，

$$0 = \frac{q}{4\pi\varepsilon_0 a} + C$$

$$\therefore \quad C = -\frac{q}{4\pi\varepsilon_0 a}$$

以上より，

$$\phi(r) = \boxed{\text{(b)}} \quad \cdots\cdots\text{(答)}$$

グラフで描けば図のようになる。これは導体球殻がない場合の電位を下に平行移動したものである。なお，導体球殻の外部の電場は 0 になる。

図2-10

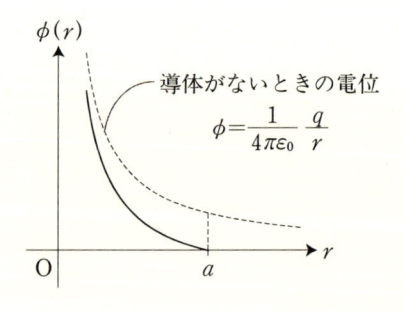

(a) $\dfrac{q}{4\pi\varepsilon_0 r^2}$ (b) $\dfrac{q}{4\pi\varepsilon_0}\left(\dfrac{1}{r}-\dfrac{1}{a}\right)$

演習問題 2-2 ★★☆☆☆

z-x 面と y-z 面に無限に拡がる帯電していない 2 つの導体板が直交して置かれており，点 $(a, a, 0)$ $(a>0)$ に電気量 $q(>0)$ をもつ点電荷 P_1 がある。このとき，$x \geqq 0$，$y \geqq 0$ の領域の各点の電位を求めよ。また，点電荷 P_1 が受ける力の向きと大きさを求めよ。

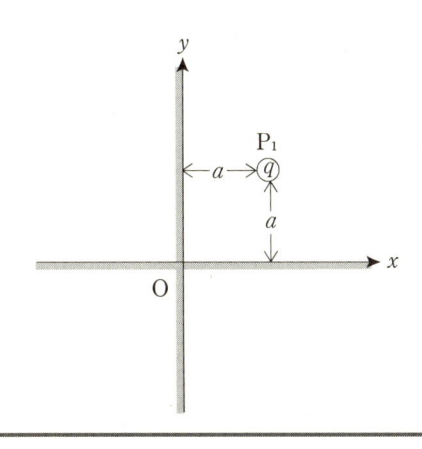

図2-11

ヒント！ 電気鏡像法を用いれば，容易に解けるであろう。導体板が 1 枚の場合は，点電荷 q の導体板に対して対称な位置に点電荷 $-q$ を，あたかも鏡像のように置けばよかった（『電磁気学ノート』58-61 ページ）。2 枚なら……。

解答&解説 次図のように，点電荷 P_1 に対して z-x 面，y-z 面に対称な位置に点電荷 P_2, P_3, P_4 を置き，それぞれの電荷を $-q, q, -q$ とする。

図2-12

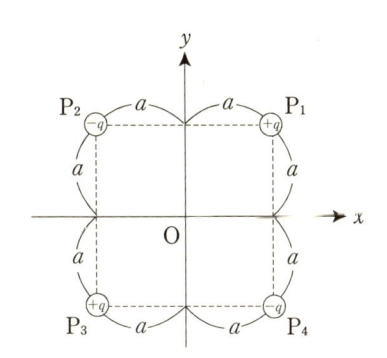

もし，これら4つの点電荷がつくる合成電位が(導体板が存在しないとして)，z-x 面，y-z 面で0になれば，境界条件を完全にみたすから，解とみなしてよいだろう(このことは，電荷と導体板の配置から直感的に明らかである)。

　それぞれの点電荷がつくる電位を $\phi_1, \phi_2, \phi_3, \phi_4$，それらの合成電位を ϕ とすれば，

$$\phi(x,y,z) = \phi_1(x,y,z) + \phi_2(x,y,z) + \phi_3(x,y,z) + \phi_4(x,y,z)$$

$$= \frac{q}{4\pi\varepsilon_0\sqrt{(x-a)^2+(y-a)^2+z^2}}$$

$$- \frac{q}{4\pi\varepsilon_0\sqrt{(x+a)^2+(y-a)^2+z^2}}$$

$$+ \frac{q}{4\pi\varepsilon_0\sqrt{(x+a)^2+(y+a)^2+z^2}}$$

$$- \frac{q}{4\pi\varepsilon_0\sqrt{(x-a)^2+(y+a)^2+z^2}} \quad \cdots\cdots(答)$$

　上式が解であることを「保証」するために，念のため上式の境界条件を確認しておこう。

　z-x 面の導体板の座標は $y=0$ だから，この面での電位は，

$$\phi(x,0,z) = \phi_1(x,0,z) + \phi_2(x,0,z) + \phi_3(x,0,z) + \phi_4(x,0,z)$$

$$= \frac{q}{4\pi\varepsilon_0\sqrt{(x-a)^2+a^2+z^2}}$$

$$- \frac{q}{4\pi\varepsilon_0\sqrt{(x+a)^2+a^2+z^2}}$$

$$+ \frac{q}{4\pi\varepsilon_0\sqrt{(x+a)^2+a^2+z^2}}$$

$$- \frac{q}{4\pi\varepsilon_0\sqrt{(x-a)^2+a^2+z^2}}$$

$$= 0$$

　y-z 面の導体板の座標は $x=0$ だから，まったく同様にして，電位は，

$$\phi(0,y,z) = 0$$

である。よって，2枚の導体板の存在は，3つの鏡像の点電荷に置き換

えることができると分かる。

ただし，この解の合成電位が成り立つのは $x \geq 0$，$y \geq 0$ の象限だけである。その他の象限の電位は 0 である。

図2-13

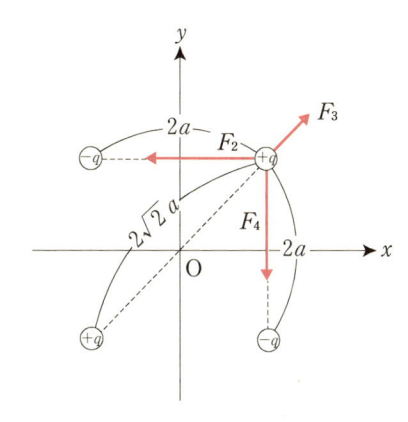

点電荷 P_1 に働くクーロン力は，鏡像 P_2, P_3, P_4 からの力の向きが図のようになっており，その大きさは，それぞれ

$$F_2 = F_4 = \frac{q^2}{4\pi\varepsilon_0 (2a)^2}$$

$$F_3 = \frac{q^2}{4\pi\varepsilon_0 (2\sqrt{2}\,a)^2}$$

だから，けっきょく，点電荷 P_1 に働く力の向きは原点方向で，その大きさ F は，

$$F = \sqrt{2}\,F_2 - F_3$$
$$= \frac{2\sqrt{2}-1}{32} \frac{q^2}{\pi\varepsilon_0 a^2} \quad \cdots\cdots \text{(答)}$$

実習問題 2-2 ★★★

無限に拡がる平面導体 A から距離 a のところに，無限に長い直線導体棒 B を平面導体 A に平行に置く。この直線導体棒 B に線密度 $\rho(>0)$ の電荷を一様に分布させるとき，直線導体棒 B の単位長さが，平面導体 A から受ける静電気力の大きさを求めよ。

図2-14

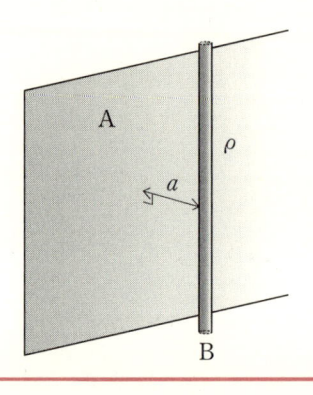

ヒント！

無限に長い直線状の電荷分布がつくる電場は，すでに見たように(実習問題1-3)ガウスの法則からすぐに求まる。さらに，電気鏡像法が使えることは直感的に分かるから，容易であろう。

解答＆解説

平面導体 A は無限に拡がっているから，接地されているとみなしてよい。この平面導体面 A を取り去って，その平面上の電位をすべて 0 にするためには，線密度 $-\rho$ で分布した無限に長い直線導体棒 B′ を，平面に対称な位置(平面から導体棒 B と反対側に距離 a の位置)に置けばよい。

すなわち，この問題は，距離 $2a$ 離れた 2 本の直線導体棒に ρ と $-\rho$ の電荷が分布している場合と等価である。

図2-15 ● 対称の位置に B′ を置けば A の電位は 0 となる。

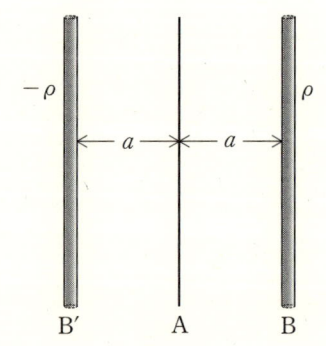

ガウスの法則より，線密度 $-\rho$ の無限に長い直線導体棒 B' が距離 r の位置につくる電場の大きさ $E(r)$ は，
$$E(r) = \frac{\rho}{2\pi\varepsilon_0 r}$$
で，その向きは内側，すなわち導体棒 B' の方向である。

図2-16 仮想的な導体棒 B' がつくる電場

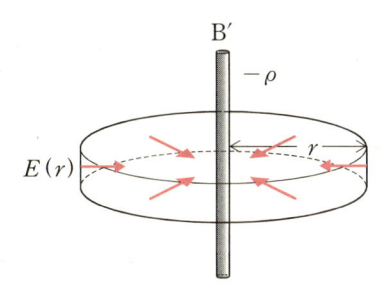

直線導体棒 B は，B' から距離 $2a$ の位置にあるから，B の単位長さ (電気量 ρ) が受ける静電気力の大きさ F は，
$$F = \rho E(2a) = \boxed{(a)} \quad \cdots\cdots (答)$$

その向きは，B' の方向。すなわち，導体棒 B は平面導体 A に引っ張られる。

(a) $\dfrac{\rho^2}{4\pi\varepsilon_0 a}$

演習問題 2-3 ★★★ 中心軸を共有し長さが l の 2 つの円筒形の導体 A と B がある。円筒の半径はそれぞれ $a, b\,(a<b)$ である。a および b は l に比べて十分小さいとし，導体 B は接地されているとしたとき，この導体間の電気容量を求めよ。

図2-17

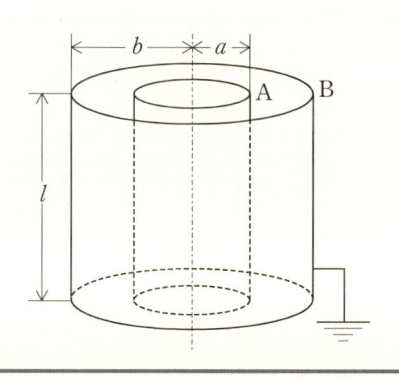

ヒント! コンデンサーの電気容量とは，1ボルトあたり蓄えることのできる電気量である。すなわち，コンデンサーの公式，$Q=CV$ がつねに成立する。それゆえ電気容量を求めるには，2つの導体間に Q の電気量を与えたとき，その電位差 V がいくらになるかを計算すればよい。

解答＆解説 円筒形導体 A に電気量 $+Q$ を帯電させると，円筒形導体 B には電気量 $-Q$ が誘導される。2 つの円筒導体の間に生じる電場は，導体面に垂直で放射対称である（円筒の縁付近では電場の歪みが生じるが，これは題意より無視する）。

中心軸が円筒導体に一致し，半径 $r\,(a<r<b)$，高さ $d\,(\ll l)$ の円筒を想定し，ガウスの法則を適用する。

図2-18● ガウスの法則を適用

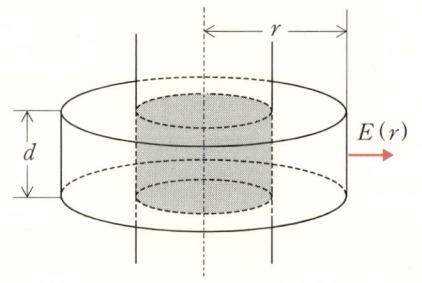

円筒 A の幅 d の間に分布する

電荷は $\dfrac{Qd}{l}$ であるから，

$$2\pi r dE(r) = \dfrac{Qd}{\varepsilon_0 l}$$

ゆえに，

$$E(r) = \dfrac{Q}{2\pi l \varepsilon_0 r}$$

よって，電位 $\phi(r)$ は

$$\phi(r) = -\int E(r)\,\mathrm{d}r$$
$$= -\dfrac{Q}{2\pi l \varepsilon_0}\int \dfrac{\mathrm{d}r}{r} = -\dfrac{Q}{2\pi l \varepsilon_0}\log r + C \quad (C \text{ は積分定数})$$

C の値を決めるため，$\phi(b)=0$ を代入すれば，

$$C = \dfrac{Q}{2\pi l \varepsilon_0}\log b$$

$$\therefore \quad \phi(r) = \dfrac{Q}{2\pi l \varepsilon_0}\log \dfrac{b}{r}$$

円筒導体 B の電位は 0 だから，けっきょく導体 A と B の電位差 V は，

$$V = \phi(a) - 0 = \dfrac{Q}{2\pi l \varepsilon_0}\log \dfrac{b}{a}$$

よって，$Q=CV$ の公式より，

$$C = \dfrac{Q}{V} = \dfrac{2\pi l \varepsilon_0}{\log \dfrac{b}{a}} \quad \cdots\cdots(答)$$

実習問題 2-3
★★★

1辺の長さが l の正方形の導体板 2 枚を，狭い間隔 d で向き合わせて平板コンデンサーをつくったが，2 枚の導体板がぴったり平行にはならず，4 隅の間隔が $d, d, d+\delta, d+\delta$ となった。d は l より十分小さく，さらに δ は d より十分小さいとして，このコンデンサーの電気容量を求めよ。

図2-19

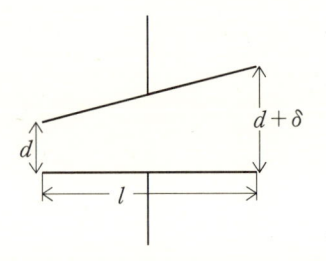

ヒント!

連続した導体の電位はどこも同じであるから，導体板が平行になっていなくても，電位差は一定である。すなわち，この場合，極板間の電場が極板間隔に合わせて場所によって変化することになる。それは極板に分布する電荷密度が変化することを意味する。また，δ が d より十分小さいことより，微小な部分を見れば，2 枚の極板は平行であり，電場は極板に垂直とみなせるだろう。

解答&解説 極板間隔が狭い方から広い方へ x 軸をとる。上下の極板にそれぞれ $+Q$ と $-Q$ の電荷を帯電させれば，極板上の電荷密度と極板間の電場は，x の関数となるであろう。これらを $\sigma(x), E(x)$ とおく。

任意の x の位置に狭い幅 Δx をとり，次ページの図のように l と Δx を辺とし，プラス側極板だけを含む任意の高さの直方体を想定して，ガウスの法則を適用する。Δx の幅だけを見れば，平行平板コンデンサーとみなせるから，このとき $E(x)$ は極板に垂直であり，かつ極板間の垂直方向には変化しないであろう。また，コンデンサーの外部に電場はない。よって，

$$E(x)\, l\Delta x = \frac{\sigma(x)\, l\Delta x}{\varepsilon_0}$$

$$\therefore \quad E(x) = \boxed{\text{(a)}} \quad \cdots\cdots ①$$

図2-20 $l\Delta x$ の領域にガウスの法則を適用

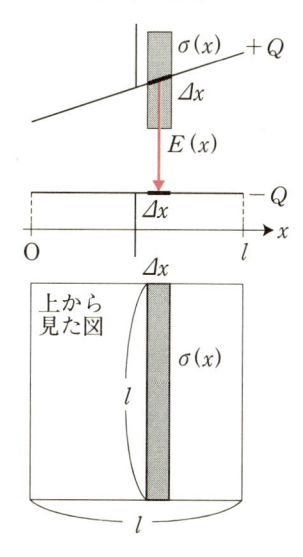

また，$\sigma(x)$ と Q の関係は，

$$\int_0^l \sigma(x)\, l\, \mathrm{d}x = Q \quad \cdots\cdots ②$$

次に，極板間の電位差を $V(=一定)$ とすると，電場 E は電位 V の傾きであるから，

$$E(x) = \frac{V}{d + \dfrac{\delta}{l}x} \quad \cdots\cdots ③$$

図2-21

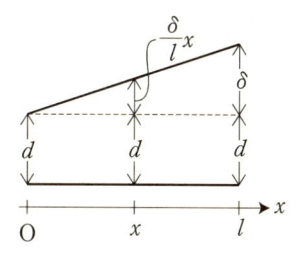

(a) $\dfrac{\sigma(x)}{\varepsilon_0}$

①, ③式より $E(x)$ を消去し，$\sigma(x)$ を求めて②式に代入すれば，

$$\int_0^l \frac{\varepsilon_0 lV}{d+\frac{\delta}{l}x} dx = Q$$

$x' = d + \frac{\delta}{l}x$ とおけば，

$$\frac{\varepsilon_0 l^2 V}{\delta} \int_d^{d+\delta} \frac{dx'}{x'} = Q$$

上の不定積分は $\log x'$ だから，

$$\frac{\varepsilon_0 l^2 V}{\delta} \log \frac{d+\delta}{d} = Q$$

よって，$Q=CV$ の公式より，

$$C = \boxed{\text{(b)}} \quad \cdots\cdots (答)$$

ひとこと 上の結果は，平行平板コンデンサーの公式，$C = \frac{\varepsilon_0 S}{d}$ とかなり違っているように見えるが，$\delta \to 0$ のときは一致することを確認しておこう。

$$\frac{\varepsilon_0 l^2}{\delta} \log \frac{d+\delta}{d} = \frac{\varepsilon_0 l^2}{d} \log\left(1+\frac{\delta}{d}\right)^{\frac{d}{\delta}}$$

$\frac{d}{\delta} = t$ と書き換えれば，log の部分は，

$$\log\left(1+\frac{1}{t}\right)^t$$

となり，$t \to \infty$ のとき，log の中は自然対数 e になるから（『橋元流 物理数学ノート』37-38 ページ参照），けっきょく，

$$C = \frac{\varepsilon_0 l^2}{d} = \frac{\varepsilon_0 S}{d}$$

となる。

(b) $\frac{\varepsilon_0 l^2}{\delta} \log \frac{d+\delta}{d}$

演習問題 2-4 ★★☆☆☆

3次元空間の微小体積要素 dV は，デカルト座標系 x-y-z の微小要素 dx, dy, dz を用いた場合，図から明らかなように，

$$dV = dxdydz$$

である。

dV は球座標（3次元極座標）系 r-θ-φ の微小要素 $dr, d\theta, d\varphi$ を用いればどのように書けるか。

図2-22

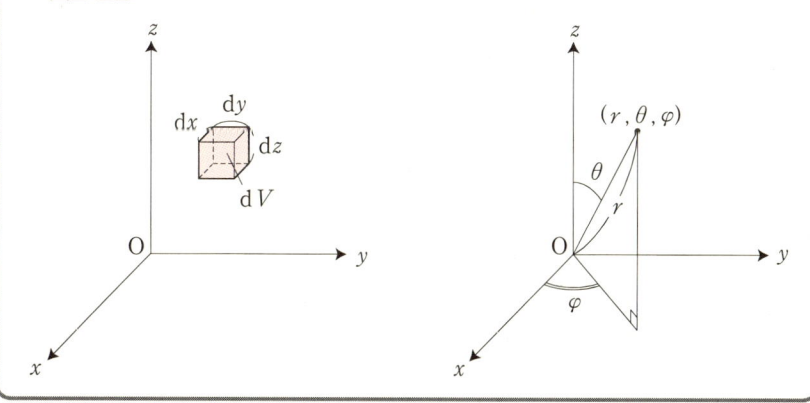

ヒント！ 演習問題 1-5 と同様に考えればよい。3次元空間のイメージに慣れることである。

解答&解説

球座標の微小体積を描けば次ページの図のようになる。これはわずかに彎曲（わんきょく）した「かまぼこ」形をしているが，体積要素だけを考える場合には直方体とみなしてよい（直方体とみなせない場合も出てくるが，ここではあまり深く考える必要はない）。

直方体の3辺は，図よりそれぞれ $dr, rd\theta, r\sin\theta\, d\varphi$ となるから，

$$dV = dr \times rd\theta \times r\sin\theta\, d\varphi$$
$$= r^2 \sin\theta\, drd\theta d\varphi \quad \cdots\cdots \text{(答)}$$

図2-23● 微小体積 dV は直方体とみなしてよい。

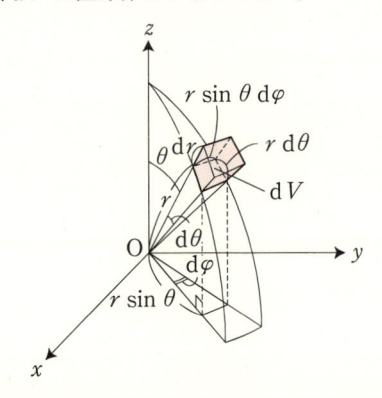

ひとこと 電磁気学では球対称な物理量がしばしば登場するので，この式はしっかり頭に叩き込んでおくべきである。

●電磁気学を創った人々

ガウス(1777-1855)

演習問題 2-5 ★★★

半径がそれぞれ a および $b(>a)$ の 2 つの薄い導体球殻 A, B を, 中心を一致させて置く。そして, A に電荷 $q(>0)$ を与え, B は接地する。電場 $\boldsymbol{E}$ が存在する場所の静電エネルギー密度は $\frac{1}{2}\varepsilon_0 E^2$ であることを用いて, この系がもつ静電エネルギーを求めよ。

図2-24

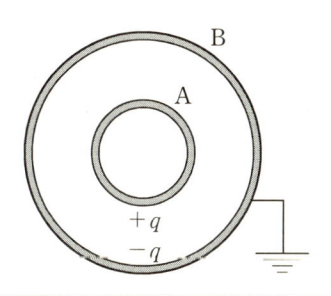

ヒント! A, B はコンデンサーであるから, 電気容量 C と電位差 V を求め, 静電エネルギーの公式 $\frac{1}{2}CV^2$ から求めるのが簡単であるが, ここでは静電エネルギー密度を積分する練習をしてみよう。

解答&解説 導体球殻 A の内部は静電遮蔽されているから電場はない。また導体球殻 B は接地されているから, A の電荷 q に誘導された $-q$ が帯電しているだけである。よって, A と B 全体の電荷は 0 だから, ガウスの法則によって, B の外部にも電場はない。

A と B の間にある電場は球殻面に垂直で球対称であるはずだから, 中心から距離 r の電場の大きさを $E(r)$ として, ガウスの法則より,

$$4\pi r^2 E(r) = \frac{q}{\varepsilon_0}$$

$$\therefore \quad E(r) = \frac{q}{4\pi\varepsilon_0 r^2}$$

よって, この点における静電エネルギー密度 u は,

$$u = \frac{1}{2}\varepsilon_0 E(r)^2$$

$$= \frac{q^2}{32\pi^2\varepsilon_0 r^4}$$

これを，球殻 A と B の間の全空間にわたって積分すればよいわけだが，とるべき座標系は当然，球座標である。微小体積 dV を球座標 (r, θ, φ) で表せば(演習問題 2-4 参照)，
$$dV = r^2 \sin\theta \, dr d\theta d\varphi$$
だから，求める静電エネルギー U は，
$$U = \iiint_{\text{球殻 A と球殻 B の間の空間}} u \, dV$$
$$= \int_0^{2\pi} d\varphi \int_0^{\pi} \sin\theta \, d\theta \int_a^b u r^2 \, dr$$
ここで，
$$\int_0^{2\pi} d\varphi = 2\pi, \quad \int_0^{\pi} \sin\theta \, d\theta = \left[-\cos\theta\right]_0^{\pi} = 2$$
より，
$$U = 4\pi \int_a^b \frac{q^2}{32\pi^2 \varepsilon_0 r^2} \, dr = \frac{q^2}{8\pi\varepsilon_0} \left[-\frac{1}{r}\right]_a^b$$
$$= \frac{q^2}{8\pi\varepsilon_0} \left(\frac{1}{a} - \frac{1}{b}\right) \quad \cdots\cdots(答)$$

ひとこと $U = \frac{1}{2} C V^2$ の公式を使っても同じ結果が得られることを確かめておこう。そのためには電気容量 C を求める必要があるように見えるが，電荷 q が与えられているので，$Q = CV$ の公式より $U = \frac{1}{2} QV$ を使う方が簡単。V は導体球殻間の電位差であるが，それは電位 ϕ を求めればよい。
$$\phi(r) = -\int E(r) dr = -\frac{q}{4\pi\varepsilon_0} \int \frac{dr}{r^2} = \frac{q}{4\pi\varepsilon_0 r} + C$$
上式で C は，$\phi(b) = 0$ の境界条件より決まる。
$$C = -\frac{q}{4\pi\varepsilon_0 b}$$
ゆえに，導体球殻間の電位差 V は，
$$V = \phi(a) - \phi(b) = \frac{q}{4\pi\varepsilon_0} \left(\frac{1}{a} - \frac{1}{b}\right)$$
よって，
$$U = \frac{1}{2} qV = \frac{q^2}{8\pi\varepsilon_0} \left(\frac{1}{a} - \frac{1}{b}\right)$$
となり，めでたくエネルギー密度の積分と同じ結果を得る。

実習問題 2-4 ★★

真空中の静電ポテンシャル $\phi(x,y,z)$ は，一般にラプラスの方程式

$$\Delta\phi \equiv \frac{\partial^2\phi}{\partial x^2} + \frac{\partial^2\phi}{\partial y^2} + \frac{\partial^2\phi}{\partial z^2} = 0$$

の解として与えられる。

いま，薄くて十分に広い正方形の平板上に電荷密度 $\sigma(>0)$ が一様に分布している。このとき，平板に十分近い中央付近の静電ポテンシャル ϕ をラプラスの方程式を解くことによって求めよ。

図2-25

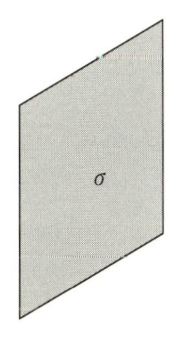

ヒント！ ラプラスの方程式を一般的に解くことはむずかしいが，対称性に着目すれば容易になることがしばしばある。この問題は，そのもっとも簡単な例である。

解答 & 解説

次ページの図のように，平板の中央を原点とし，平板に沿った方向に y 軸，z 軸をとる。電場の直感的なイメージを描けば，対称性より平板の中央付近では x 軸に平行で一様(y や z によらない)であろう。電場 $\boldsymbol{E}$ が y や z によらないということは，静電ポテンシャル ϕ も同様であろうから，この付近では ϕ は x のみの関数と考えてよい。すなわち，

$$\frac{\partial\phi}{\partial y} = \frac{\partial\phi}{\partial z} = 0$$

図2-26 ● 平板の中央付近では E は y, z によらない。

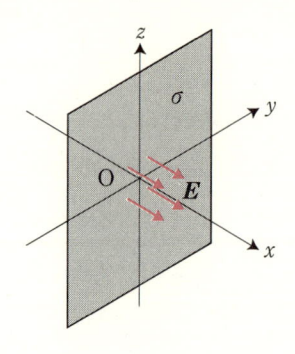

よって，ラプラスの方程式は，変数 x のみの簡単な2階微分方程式となる。すなわち，

$$\frac{d^2\phi}{dx^2} = 0$$

これを解けば，

$$\frac{d\phi}{dx} = C_1 \quad (C_1：積分定数)$$

$$\phi = C_1 x + C_2 \quad (C_2：積分定数)$$

2階微分方程式だから積分定数が2つ出てくるが，ポテンシャルの基準点は適当にとれるから，定数 C_2 は不定である（たとえば $C_2=0$ としてもよい）。

ところで，$\dfrac{d\phi}{dx}$ はポテンシャルの傾き，すなわち電場 E（の逆符号）にほかならないから，

$$\frac{d\phi}{dx}(=C_1) = -E$$

ガウスの法則より，

$$E = \frac{\sigma}{2\varepsilon_0}$$

ただし，E は電場の大きさで，電場の向きは $x>0$ で正方向，$x<0$ で負方向である。

図2-27 ● ガウスの法則：$2E\mathrm{d}S = \dfrac{\sigma \mathrm{d}S}{\varepsilon_0}$

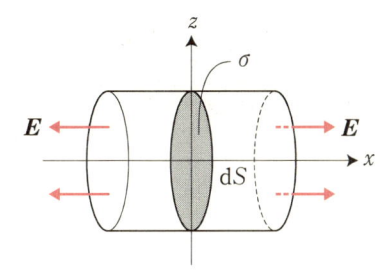

ゆえに，

$$x > 0 \text{ では} \quad C_1 = -\dfrac{\sigma}{2\varepsilon_0}$$

$$x < 0 \text{ では} \quad C_1 = \dfrac{\sigma}{2\varepsilon_0}$$

すなわち，

$$\phi = \boxed{\text{(a)}} \quad \cdots\cdots (\text{答})$$

図2-28

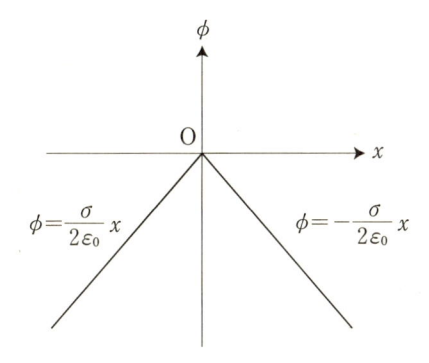

$\phi = \dfrac{\sigma}{2\varepsilon_0} x$ ， $\phi = -\dfrac{\sigma}{2\varepsilon_0} x$

ひとこと これは，実習問題1-4と同じ問題である。ラプラスの方程式など持ち出すまでもなく，直感的な対称性を用いたところで，ほぼ答えは出ているといってよいだろう。しかし，ラプラスの方程式をみたしているということを確認し，ラプラスの方程式に慣れるという点では，このような問題を解くことも意義があるだろう。

(a) $-\dfrac{\sigma}{2\varepsilon_0}|x|$

講義02 ● 導体，コンデンサー，静電エネルギー

講義 LECTURE 03 誘電体

◆誘電分極

　導体とは逆に，その内部に自由に動ける電荷をまったくもたない物質を**誘電体（絶縁体）**と呼ぶ。誘電体内部の電荷はまったく動かないわけではなく，外部から電場をかけると，正の電荷をもつ原子核は電場の方向に，また原子核の周囲に存在する負の電荷をもつ電子は電場と逆の方向に，わずかにずれる。

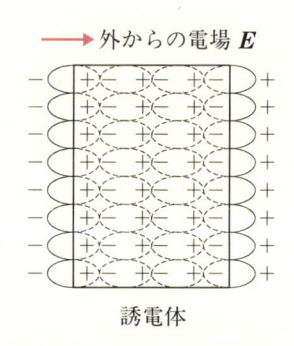

図3-1● 誘電分極

　その結果，誘電体の表面には，外部の電場の向きに応じて，わずかながら正負の電荷が現れる。これを**誘電分極**と呼ぶ。

◆誘電率の意味

　誘電体を帯電したコンデンサーの間に挿入すると，極板間の電場を弱める方向に誘電分極が起こる。もし，コンデンサーが電池に接続されていれば，極板間の電位は一定に保たれるから，電場も一定に保たれる。

すなわち，このとき極板には，極板間が真空のときより多くの電荷が誘導される。

図3-2● 誘電体を挿入すると電気容量が増える。

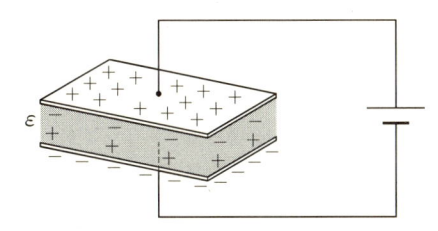

平行平板コンデンサーの場合，極板間が真空のときの電気容量 C_0 は，

$$C_0 = \frac{\varepsilon_0 S}{d}$$

であるが，誘電体を挿入すると電気容量 C は増加し，

$$C = \frac{\varepsilon S}{d}$$

となる。この比例定数 ε を，この誘電体の**誘電率**と呼ぶ。$\varepsilon > \varepsilon_0$ である。ε_0 は本来たんなる比例定数であるが，このことが真空の誘電率と呼ばれる所以である。また，

$$\chi = \frac{\varepsilon}{\varepsilon_0}$$

を，真空に対する**比誘電率**と呼ぶ。

◆電束密度 D の導入

誘電体の問題をできるだけ簡単に解くためには，**電束密度**の理解が不可欠であるが，決してむずかしく考えてはいけない。電束密度という概念は，物理の本質ではない。単に問題を簡単に解くための「道具」である。

真空中では，電束密度 D は電場 E と同じ方向を向いたベクトルで，次元が異なるだけである。すなわち，

$$D = \varepsilon_0 E$$

ガウスの法則 div $\boldsymbol{E} = \dfrac{\rho}{\varepsilon_0}$ を $\boldsymbol{D}$ を用いて書けば,

$$\text{div } \boldsymbol{D} = \rho$$

である。このことより, 電束密度 $\boldsymbol{D}$ の単位は $[\text{C/m}^2]$, すなわち面上における電荷の分布密度と同じことがわかる。

図3-3 ● 電束密度は電荷の面積密度 σ と同じ次元

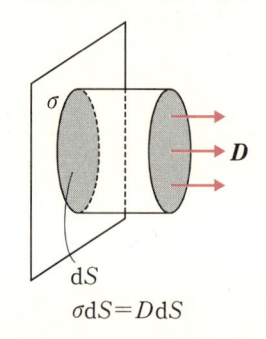

$\sigma dS = D dS$

しかし, 真空中では電束密度を導入するメリットはほとんどない。電束密度の考え方が効果的なのは, 誘電体が存在する場所においてである。

◆誘電体があるときの電場, 電束密度, 分極ベクトルの考え方

電場 $\boldsymbol{E}$ と電束密度 $\boldsymbol{D}$ の, 見通しのよい考え方を述べておこう。

真空中に一様な電場 $\boldsymbol{E}_0$ があり, そこに誘電率 ε の誘電体を置く。一般的な状況を考えるため, 電場の向きと誘電体の表面は斜めであるとする。

図3-4 ● x 方向の電場は変わらない。

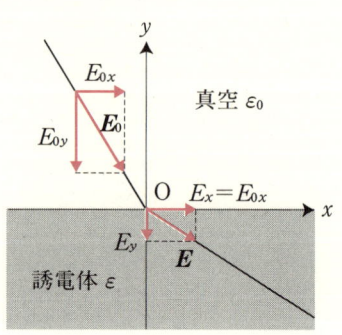

図のように誘電体の表面を x 軸，それに垂直な方向を y 軸にとり，$\boldsymbol{E}_0$ の x 成分を E_{0x}，y 成分を E_{0y} とする。

　誘電体の内部では，分極電荷が存在するため，電場は(真空中より)弱くなるが，それは y 成分についてだけいえることである。なぜなら，境界面で電位が連続的であるためには，境界面方向(x 方向)の電場成分が不変でなければならないからである(『電磁気学ノート』100 ページ)。

　電場の y 成分は，分極電荷密度 σ が分かれば，ガウスの法則によって求めることができるが，誘電率 ε が分かっていればすぐに求まる。

　すなわち，図のように記号をつければ，

$$E_x = E_{0x}$$

$$E_y = \frac{\varepsilon_0}{\varepsilon} E_{0y}$$

である。上式から $E_y < E_{0y}$ である。よって，電場は境界面で屈折する。

　次に電束密度 $\boldsymbol{D}$ を導入しよう。電束密度の向きは，電場の向きと一致している(物質の種類によっては，向きが異なることも生じるが，本書ではそのような特殊なケースは扱わない)。それゆえ，電束密度 $\boldsymbol{D}$ も，電場 $\boldsymbol{E}$ と同じ方向に屈折する。

図3-5 y 方向の電束密度は変わらない。

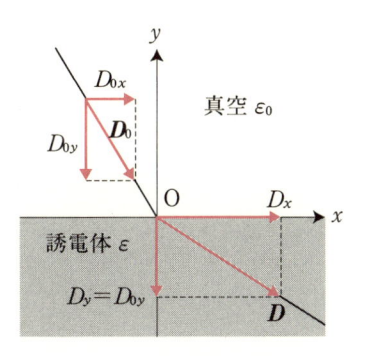

　さて，電束密度 $\boldsymbol{D}$ を次のように定義する。

$$\boldsymbol{D} = \varepsilon \boldsymbol{E}$$

つまり，真空中では ε_0 である比例定数を，誘電体中ではその誘電率 ε に変えるのである。このようにして，真空中と誘電体中の電束密度の x 成分，y 成分を書き出してみれば，

$$D_{0x} = \varepsilon_0 E_{0x}$$
$$D_{0y} = \varepsilon_0 E_{0y}$$
$$D_x = \varepsilon E_x = \varepsilon E_{0x}$$
$$D_y = \varepsilon E_y = \varepsilon \frac{\varepsilon_0}{\varepsilon} E_{0y} = \varepsilon_0 E_{0y}$$

以上より，$D_{0y}=D_y$ となり，誘電体の表面に垂直な方向（y 方向）では，電束密度が不変である ことが分かる。これを言い換えれば，分極電荷の存在によっては電束密度の y 成分は変化しないということである。すなわち，

$$\mathrm{div}\, \boldsymbol{D} = \rho \quad \text{（真電荷のみ）}$$

となる。

誘電体の内部では，電場 $\boldsymbol{E}$ は（真空中より）小さくなるが，電束密度 $\boldsymbol{D}$ はガウスの法則において分極電荷を無視するため，逆に（真空中より）大きくならねばならない。この「増加分」が分極ベクトルである。つまり，

$$\boldsymbol{D} = \varepsilon \boldsymbol{E}$$

の比例定数 ε を，$\varepsilon = \varepsilon_0(1+\chi)$ とおいてみると，

$$\boldsymbol{D} = \varepsilon_0 \boldsymbol{E} + \chi \varepsilon_0 \boldsymbol{E}$$

となる。この $\chi \varepsilon_0 \boldsymbol{E}$ こそが，分極ベクトル $\boldsymbol{P}$ にほかならない。

図3-6● $\boldsymbol{D} = \varepsilon_0 \boldsymbol{E} + \boldsymbol{P}$ のイメージ

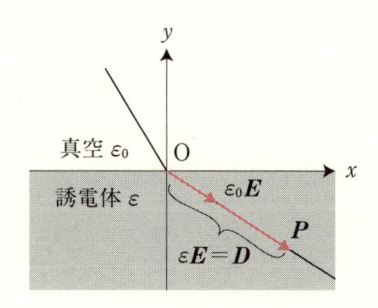

そして、この分極ベクトルは、分極電荷の存在を無視することによって生まれた項だから、分極電荷によって生じる誘電体内部の電場とちょうど逆向きで、その大きさは分極電荷の分布密度 σ になる。

◆境界条件──問題の解き方

電場と電束密度の関係は、前項で述べたことですべてであるが、誘電率 ε_1 の物質と誘電率 ε_2 の物質が境界を接しているときの、具体的な解き方を示しておこう。

図3-7● 境界条件と電場・電束密度の屈折

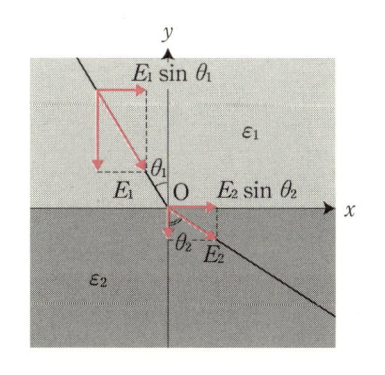

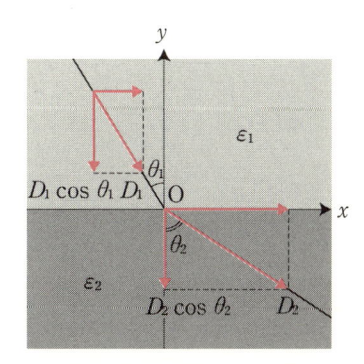

座標軸を図のようにとり、電場の入射角を θ_1、屈折角を θ_2 とすると、

- x 方向：電場成分 E_x の連続性

$$E_1 \sin \theta_1 = E_2 \sin \theta_2$$

- y 方向：電束成分 D_y の連続性（div $\boldsymbol{D}=0$：真電荷がないとき）

$$D_1 \cos \theta_1 = D_2 \cos \theta_2$$

$$(D_1 = \varepsilon_1 E_1, \quad D_2 = \varepsilon_2 E_2)$$

◆演習問題・実習問題

誘電体内において，電場 E，電束密度 D，分極ベクトル P の向きは同じとする。また，真空の誘電率を ε_0 とする。

演習問題 3-1 ★☆☆☆

極板面積 S，極板間隔 d の平行平板コンデンサーの極板間に図(a)および図(b)のように 2 つの誘電体を隙間なく挿入した。2 つの誘電体の誘電率はそれぞれ $\varepsilon_1, \varepsilon_2$ で，(a)では極板面積を 2 分割し，(b)では極板間隔を 2 分割している。それぞれの場合の電気容量を求めよ。

図3-8

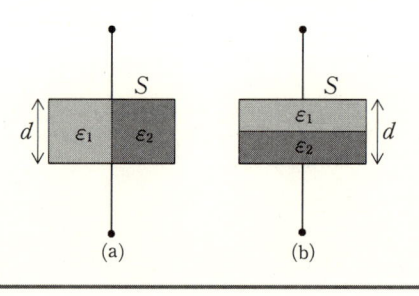

(a) (b)

ヒント! 高校物理の知識で解ける問題。コンデンサーの並列接続，直列接続における合成電気容量の公式を使えばよい。

解答＆解説

(a)

図3-9● 並列接続

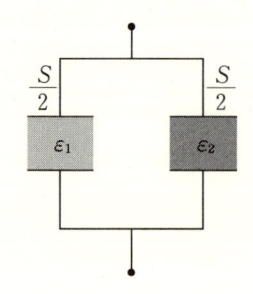

それぞれの誘電体が挿入されたコンデンサーが並列接続していると考えればよい。このとき，それぞれのコンデンサーの極板面積は $\frac{1}{2}S$ であるから，それぞれのコンデンサーの電気容量を C_1, C_2 として，

$$C_1 = \frac{\varepsilon_1 S}{2d}$$

$$C_2 = \frac{\varepsilon_2 S}{2d}$$

並列接続だから，合成電気容量 C_a は両者の和で，

$$C_a = C_1 + C_2$$

$$= \frac{(\varepsilon_1 + \varepsilon_2)S}{2d} \quad \cdots\cdots(答)$$

(b)

図3-10 直列接続

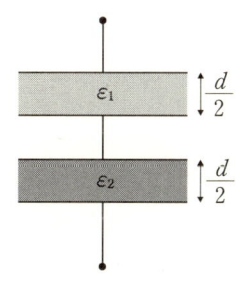

間隔 $\frac{1}{2}d$ のコンデンサーの直列接続と考えればよい。

$$C_1 = \frac{2\varepsilon_1 S}{d}$$

$$C_2 = \frac{2\varepsilon_2 S}{d}$$

合成容量 C_b は，

$$\frac{1}{C_b} = \frac{1}{C_1} + \frac{1}{C_2} = \frac{C_1 + C_2}{C_1 C_2}$$

よって，

$$C_b = \frac{2\varepsilon_1 \varepsilon_2 S}{(\varepsilon_1 + \varepsilon_2)d} \quad \cdots\cdots(答)$$

実習問題 3-1 ★☆☆☆☆

電気容量 C の平行平板コンデンサーに起電力 V の電池を図のように接続する。Sはスイッチで，はじめは閉じている。このあと，次の2通りの方法で極板間に誘電率 ε の誘電体を隙間なく挿入する。それぞれの場合について，静電エネルギーの変化を求めよ。

(1) スイッチSを開いてから，誘電体を挿入する場合。
(2) スイッチを閉じたまま，誘電体を挿入する場合。

図3-11

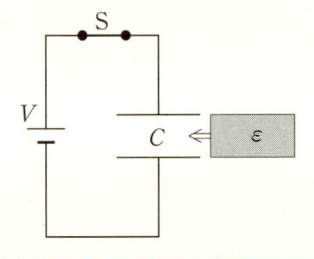

ヒント！ これも高校物理の範囲内。(1)では極板の電荷が不変，(2)では極板間の電圧が不変というところに注意すればよい。

解答&解説 極板間が真空の場合の静電エネルギー U_0 は，

$$U_0 = \frac{1}{2}CV^2$$

誘電体を挿入したときのコンデンサーの電気容量 C' は，

$$C' = \frac{\varepsilon}{\varepsilon_0}C$$

である。

(1) スイッチを開いてから誘電体を挿入すると，極板に蓄えられた電荷が動けず不変に保たれるから，極板間の電位差が変化する。挿入後の電位差を V' とすると，

$$Q = CV = C'V'$$

$$\therefore \quad V' = \frac{C}{C'}V = \frac{\varepsilon_0}{\varepsilon}V$$

図3-12 ● 電荷 $Q(=CV)$ が不変

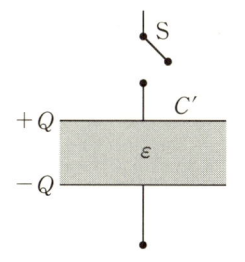

よって，誘電体を挿入後の静電エネルギー U_1 は，

$$U_1 = \frac{1}{2} C' V'^2$$

$$= \frac{\varepsilon_0}{\varepsilon} \left(\frac{1}{2} CV^2 \right)$$

エネルギーの変化 ΔU_1 は，

$$\Delta U_1 = U_1 - U_0$$

$$= \boxed{(a)} \quad \cdots\cdots(答)$$

ひとこと $\varepsilon > \varepsilon_0$ だから，上の値は負である。つまり誘電体挿入は負の仕事であり，それは誘電体をコンデンサーの極板間に「押し込む」のではなく「吸い込まれる」ことを意味する。じっさい誘電体の表面に誘導された電荷は，コンデンサーの極板の電荷と符号が逆であり，それらは互いに引き合う。

図3-13 ● 誘電体は吸い込まれる。

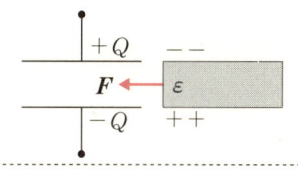

(a) $\dfrac{\varepsilon_0 - \varepsilon}{2\varepsilon} CV^2$

(2) スイッチを閉じたままの場合，極板間の電位差は V で変わらない。極板間隔は一定だから，極板間の電場もまた変わらない。一方，誘電体の挿入は静電誘導によって電場を弱める方向に働くから，それを一定に保つためには，コンデンサーの極板により多くの電荷が誘導されなければならない。

図3-14● 電圧 V が不変

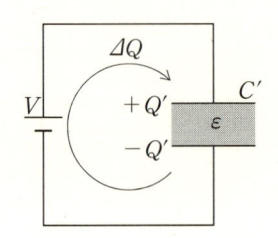

誘電体挿入後の静電エネルギー U_2 は，

$$U_2 = \frac{1}{2} C' V^2$$

$$= \frac{\varepsilon}{\varepsilon_0} \left(\frac{1}{2} C V^2 \right)$$

ゆえに，静電エネルギーの変化 ΔU_2 は，

$$\Delta U_2 = U_2 - U_0$$

$$= \boxed{\text{(b)}} \quad \cdots\cdots \text{(答)}$$

ひとこと 上の値は正である。すなわちコンデンサーの静電エネルギーは増加する。これは誘電体の挿入が正の仕事をすることを意味するのではない。誘電体の挿入は，(1)と同様引力であり，負の仕事である。(1)との違いはコンデンサーが電池に接続されていることであり，その結果，電池を通してさらなる電荷が極板に運ばれる。つまり，電池が正の仕事をする。その結果，静電エネルギーは増加するのである。

(b) $\dfrac{\varepsilon - \varepsilon_0}{2\varepsilon_0} C V^2$

演習問題 3-2 ★★

真空中に大きさ E_0 の一様な電場 $\boldsymbol{E_0}$ が図のような向きにあり、誘電率 ε の誘電体の板が、その表面が $\boldsymbol{E_0}$ に垂直になるように置かれている。このとき、誘電体の表面の図の A 側に現れる分極電荷密度を σ_A、B 側に現れる分極電荷密度を σ_B とする。また真空中の電束密度を $\boldsymbol{D}$(大きさ D)、誘電体内部の電場、電束密度、分極ベクトルをそれぞれ $\boldsymbol{E}$(大きさ E)、$\boldsymbol{D'}$(大きさ D')、$\boldsymbol{P}$(大きさ P)とする。

図3-15

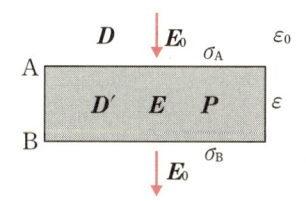

以下の問いに答えよ。

(1) 最初、誘電体が帯電していなければ、$|\sigma_A|=|\sigma_B|$ であることは明らかであるが、σ_A と σ_B のどちらが正でどちらが負か。
(2) 真空中の電場 $\boldsymbol{E_0}$ と電束密度 $\boldsymbol{D}$ の関係式を書け。
(3) 誘電体中の電束密度 D' を、真空中の電束密度 D で表せ。
(4) 誘電体中の電束密度 $\boldsymbol{D'}$ と電場 $\boldsymbol{E}$ の関係式を書け。
(5) 誘電体中の電場 E を E_0 で表せ。
(6) 分極ベクトル $\boldsymbol{P}$ の向きはどちらか。
(7) 分極ベクトル $\boldsymbol{P}$ の大きさ P と、分極電荷密度 σ_B の関係を示せ。
(8) 誘電体中の電束密度 $\boldsymbol{D'}$ を、$\boldsymbol{E}$ と $\boldsymbol{P}$ で表せ。
(9) σ_B と E の関係式を書け。

ヒント! 電束密度 D の導入は、これまで述べてきたように便宜的なものであるが、慣れないうちは、なかなかピンとこない。この問題は、誘電体内部の電場、電束密度、分極ベクトルなどの考え方に慣れようというものである。初歩的問題なので、スイスイ解けるようになるまで繰り返し練習してほしい。

解答&解説

(1)

図3-16

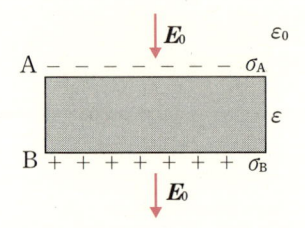

外部の電場 E_0 によって，誘電体内のプラス電荷(原子核)はB側へ，マイナス電荷(電子)はA側へ移動する。すなわち，

$$\sigma_A \text{ が負,}\quad \sigma_B \text{ が正。} \quad \cdots\cdots (答)$$

(2) 真空中においては，

$$D = \varepsilon_0 E_0 \quad \cdots\cdots (答)$$

上式は，真空中における電束密度の定義のようなものである。電場 E_0 が力(ニュートン)と結びついた量であるのに対して，それに ε_0 をかけることによって電束密度の次元は電荷の面積密度となる。つまり，電束密度は電場をつくっている電荷(電気量クーロン)と結びついた量である。

(3)

図3-17 ● 分極電荷によって電場は弱くなるが電束密度は不変

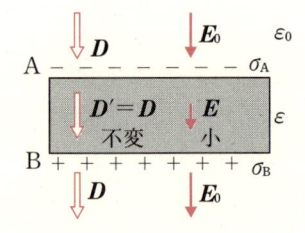

電束密度を導入する最大の利点は(誘電体の表面に対して垂直な方向に関して)，真空中と比べて電場は弱くなるのに対して，電束密度は不変であるという点である。すなわち，div $D = \rho$(真電荷のみ)。よって，

$$D' = D \quad \cdots\cdots(答)$$

(4) 誘電体内部の電場 E，電束密度 $D'(=D)$，誘電率 ε の関係はつねに，

$$D' = \varepsilon E \quad \cdots\cdots(答)$$

(5)

図3-18● $\varepsilon_0 E_0 = \varepsilon E$

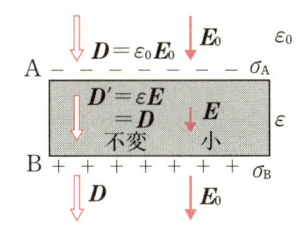

誘電体表面に垂直な方向についていえば，電束密度が不変なのだから，

$$D = \varepsilon_0 E_0$$
$$D' = \varepsilon E$$

より，

$$\varepsilon_0 E_0 = \varepsilon E$$

よって，

$$E = \frac{\varepsilon_0}{\varepsilon} E_0 \quad \cdots\cdots(答)$$

つまり，誘電体内部の電場(の垂直成分) E は，誘電率 ε に反比例して弱くなる。

(6)

図3-19● D を不変に保つために A→B の向きの P を考える。

外部からの電場 E_0 によって移動した分極電荷は，E_0 とは逆向きに(弱い)電場をつくる。誘電体内部の電場 E が外部電場 E_0 より弱くなるのはそのためである。これを電束密度で考えると，電束密度(の垂直成分)は不変に保たれねばならないから，小さくなった $\varepsilon_0 E$ を元の $\varepsilon_0 E_0$ の大きさに戻すために，分極電荷がつくる電場とは逆向きの(電束密度の次元をもった)ベクトルを考える。これが分極ベクトルである。

　よって，分極ベクトル P の向きは，電場と同じ向き。
$$A \to B \quad \cdots\cdots(答)$$

(7)　分極ベクトルの次元は，電束密度と同じ。すなわち，電荷の面積密度である。そして，その大きさはベクトルに垂直な面に分布する分極電荷に等しい。すなわち，
$$P = \sigma_B \quad \cdots\cdots(答)$$

(8)　以上のことから，
$$\boldsymbol{D'} = \varepsilon_0 \boldsymbol{E} + \boldsymbol{P} \quad \cdots\cdots(答)$$

(9)　上式を大きさで書けば，
$$D' = \varepsilon_0 E + \sigma_B$$
　また
$$D' = D = \varepsilon_0 E_0$$
だから，
$$\varepsilon_0 E + \sigma_B = \varepsilon_0 E_0$$
　よって，
$$E = E_0 - \frac{\sigma_B}{\varepsilon_0} \quad \cdots\cdots(答)$$

実習問題 3-2 ★☆☆☆☆

真空中に大きさ E_0 の一様な電場 E_0 が図のような向きにあり,誘電率 ε の無限に長い誘電体の板が,表面が電場 E_0 と平行になるように置かれている。以下の問いに答えよ。

(1) 誘電体内部の電場の向きと大きさを求めよ。
(2) 誘電体内部の電束密度の大きさを求めよ。
(3) 誘電体内部に生じる分極ベクトルの大きさを求めよ。

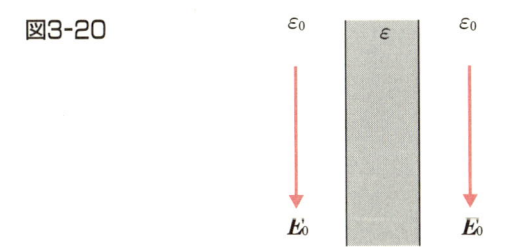

図3-20

ヒント! 超初級であるが,誘電率,電束密度,分極ベクトルなどの意味が本当に理解できているかを試す問題。錯覚のないように。

解答&解説 誘電体が誘電体としての意味をもつためには,電場に垂直な方向に表面をもたねばならない。題意は無限に長い誘電体だが,それを非常に長い誘電体に変えて,その表面に分極電荷 $-\Delta\sigma, +\Delta\sigma$ を想定してみる。誘電体が非常に長いため,$\Delta\sigma$ はきわめて小さな量であり,誘電体を無限に長くすれば,$\Delta\sigma$ は 0 に近づくことは明らかである。

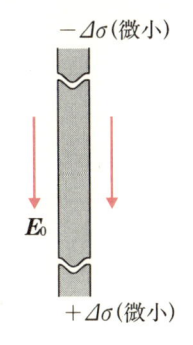

図3-21 ● 誘電体の長さを無限にすれば $\Delta\sigma \to 0$

$\Delta\sigma \to 0$ では誘電分極が起こらないのだから,この誘電体の誘電率 ε は意味をもたない。このことを押さえておくことが大事である。

(1) 誘電体表面に平行な電場の成分は,真空と誘電体の境界で連続でなければならない。誘電体の内部は一様だから,内部と表面で電場が変わるはずもない。

図3-22

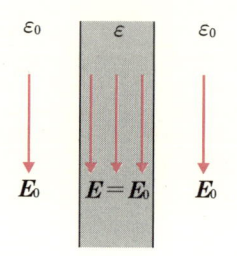

よって,誘電体内部の電場 $\boldsymbol{E}$ は,

$$\boldsymbol{E} = \boxed{\text{(a)}}$$

すなわち,電場の向き,大きさとも外部電場 $\boldsymbol{E_0}$ と同じ。……(答)

(2) 外部の電束密度 $\boldsymbol{D}$ は,電場 $\boldsymbol{E_0}$ に平行で,その大きさは,

$$D = \varepsilon_0 E_0$$

である。

さて,誘電体内部の電束密度は,

$$\boldsymbol{D'} = \varepsilon \boldsymbol{E_0} \quad \cdots\cdots ?$$

であろうか。

もしそうなら,内部の電束密度の大きさ D' は外部の電束密度の大きさ D より大きくなる(なぜなら,$\varepsilon > \varepsilon_0$ だから)。じっさい,電場が誘電体表面に対して斜めにかかっているときは,電束密度の大きさは,真空中より誘電体内部の方が大きくなる(62ページ)。それゆえ,電束密度の誘電体表面に平行な成分は必ず,真空中より大きくなると考えるのは早計である。そうなる理由は,電場の表面に垂直な成分があり,その方向の電束密度を不変に保つからである。

図3-23 ● 電束密度は大きくなる？

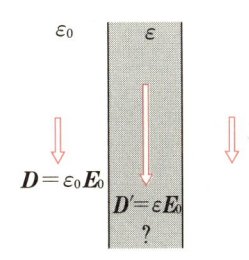

ε_0 　 ε

$D = \varepsilon_0 E_0$ 　 $D' = \varepsilon E_0$?

　誘電体が電場の方向に無限に長いときは，分極電荷 $\Delta\sigma \to 0$ だから，誘電率もまた，$\varepsilon \to \varepsilon_0$ となる（じっさい，そのように極板の端から端までが無限に長いコンデンサーをつくって，その中に無限に長い誘電体を挿入しても，極板の電荷は増えない）。
　以上より，

$$D' = D = \varepsilon_0 E_0$$

すなわち，誘電体内部の電束密度の大きさは，

$$D' = \boxed{\text{(b)}} \quad \cdots\cdots \text{(答)}$$

となり，真空中と変わらない（$\varepsilon \to \varepsilon_0$ とみなせば，$D' = \varepsilon E_0$ ともいえるが，ここでは ε は誘電体が有限の大きさのときの値とする）。

(3) $D = D' = \varepsilon_0 E_0$ だから，分極ベクトルが生じるはずもない。じっさい，$\Delta\sigma \to 0$ で分極は起こらないのだから，その大きさは，

$$\text{分極ベクトル } P = \boxed{\text{(c)}} \quad \cdots\cdots \text{(答)}$$

ひとこと 以上より，たとえ誘電体があっても，それが電場方向に無限に長ければ，誘電分極は起こらず，真空となんら変わらない。

(a) E_0 　(b) $\varepsilon_0 E_0$ 　(c) 0

演習問題 3-3 ★★☆☆

面積 S, 極板間隔 d の平行平板コンデンサー AB を, 図のように起電力 V の電池に接続し, 極板間に誘電率 ε の誘電体を隙間なく挿入した。このとき, この誘電体に生じる分極ベクトルの向きと大きさを求めよ。

図3-24

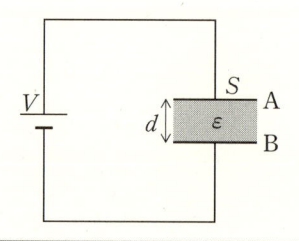

ヒント！ 分極ベクトルの向きは, ふつうの物質であるかぎり, 電場の向きと同じである。この問題は, 電束密度の考え方を使えばいとも簡単に解けるが, 分極ベクトルが誘電体の分極電荷によって生じると考えても解ける。いずれにしても, 電場や電束密度の向きが誘電体の表面に垂直であるから, その方向の成分だけを考えれば容易である。

なお, 回路は起電力 V の電池に接続されたままなので, 誘電体の挿入前も挿入後も, 極板間の電場は変化しないことに注意。

解答&解説 誘電体挿入後も AB 間の電位差は V だから, 誘電体内部の電場の大きさ E は,

$$E = \frac{V}{d}$$

誘電体の誘電率が ε であることより, 電束密度の大きさ D は,

$$D = \varepsilon E$$

一方で, 電束密度 D は, 分極ベクトル(大きさ P)を用いて,

$$D = \varepsilon_0 E + P$$

と書けるから,

$$\varepsilon E = \varepsilon_0 E + P$$

よって,

$$P = (\varepsilon - \varepsilon_0)E$$
$$= (\varepsilon - \varepsilon_0)\frac{V}{d} \quad \cdots\cdots(答)$$

その向きは，A→B。

別解 分極ベクトル P の向きが A→B の方向であることは明らか。それゆえ，誘電体の表面に分布する分極電荷の密度 σ を求めれば，それが解である(分極ベクトルの大きさは，電場に垂直な面に分布する分極電荷密度である。『電磁気学ノート』95 ページ)。

誘電体を挿入する前に極板に蓄えられている電気量 Q は，そのときのコンデンサーの電気容量を C として，

$$Q = CV$$

である。ここで，$C = \dfrac{\varepsilon_0 S}{d}$。

次に誘電体を挿入したあとのコンデンサーの電気容量を C'，このとき極板に蓄えられる電気量を Q' とすると(極板間の電位差 V は変わらないから)，

$$Q' = C'V$$

である。ここで，$C' = \dfrac{\varepsilon S}{d}$。

よって，誘電体挿入によって増加した電気量 ΔQ は，

$$\Delta Q = Q' - Q$$
$$= (C' - C)V$$

これが誘電体の表面に分極する電気量の大きさにほかならない(極板 A に接する誘電体の表面には $-\Delta Q$ の負電荷が分布する)。

図3-25 真空と比べて分極電荷 ΔQ を求める。

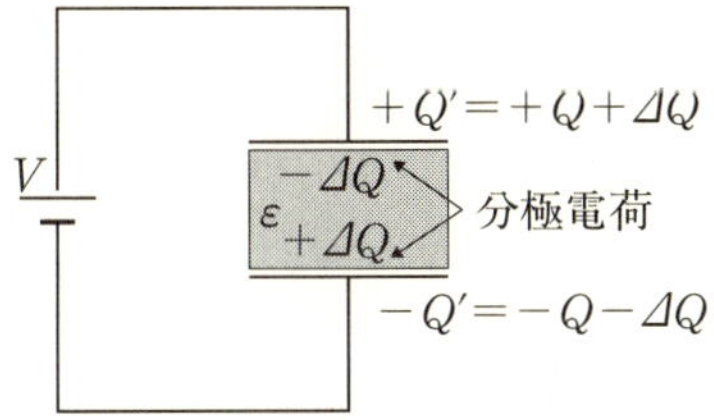

よって，この分極電荷の密度 σ は，

$$\sigma = \frac{\Delta Q}{S}$$
$$= \frac{(C'-C)V}{S}$$
$$= \frac{(\varepsilon-\varepsilon_0)V}{d} \quad \cdots\cdots (答)$$

●電磁気学を創った人々

ファラデー(1791-1867)

実習問題 3-3 ★★☆☆☆

図のように，他の回路から切り離された平行平板コンデンサーがあり，極板 A には密度 σ_0 の正電荷が，極板 B には密度 $-\sigma_0$ の負電荷が分布している。このコンデンサーの極板間に誘電体の板を極板に平行に挿入したところ，誘電体の表面に分極電荷として密度 σ の電荷が分布した。この誘電体の誘電率を求めよ。また誘電体内部の電場の大きさを求めよ。

図3-26

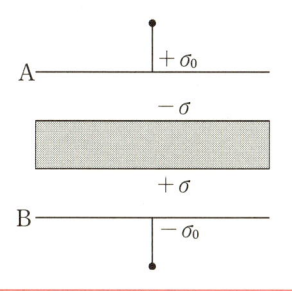

A ———— $+\sigma_0$
        $-\sigma$
        $+\sigma$
B ———— $-\sigma_0$

ヒント！ 極板が孤立しているので，密度 σ_0 の電荷分布は誘電体の挿入前と後で変化しない。あとは電場と電束密度の基本的関係を使えば容易であろう。

解答&解説 誘電体の誘電率を ε，誘電体の内部にできる電場の大きさを E とする。また，極板間の真空の部分の電場の大きさを E_0 とすると，ガウスの法則より，

$$E_0 = \frac{\sigma_0}{\varepsilon_0} \quad \cdots\cdots ①$$

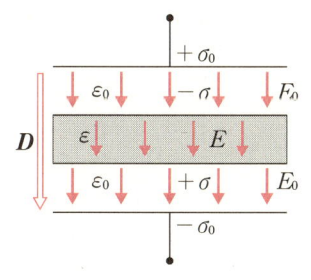

図3-27 ● 電束密度 D はどこも同じ。

極板上の真電荷 σ_0 を除いた極板間には真電荷はなく（電場は誘電体の表面に垂直であるから），極板間の電束密度は真空中も誘電体中も同じである。その大きさを D とすれば，
$$D = \varepsilon_0 E_0 = \varepsilon E$$
$$\therefore\ E = \frac{\varepsilon_0}{\varepsilon} E_0 \quad \cdots\cdots ②$$

また，分極ベクトル（大きさ P）を使えば，
$$D = \varepsilon_0 E + P$$

ここで $P=\sigma$ だから，
$$D = \varepsilon_0 E_0 = \varepsilon_0 E + \sigma$$

よって，
$$E = E_0 - \frac{\sigma}{\varepsilon_0}$$
$$= \boxed{\text{(a)}} \quad \cdots\cdots（答）$$

ここで②式を変形し，上の結果や①式を代入すれば，
$$\varepsilon = \frac{\varepsilon_0 E_0}{E}$$
$$= \frac{\varepsilon_0{}^2 E_0}{\sigma_0 - \sigma} = \boxed{\text{(b)}} \quad \cdots\cdots（答）$$

(a) $\dfrac{\sigma_0 - \sigma}{\varepsilon_0}$　　(b) $\dfrac{\sigma_0}{\sigma_0 - \sigma}\varepsilon_0$

演習問題 3-4 ★★★☆☆

図のように，真空中に大きさ E_0 の一様な電場があり，その電場に対して斜めに誘電体が置かれている。電場と誘電体表面の法線方向がなす角は θ_0 である。誘電体の誘電率を ε として，誘電体の内部の電場の向きと大きさを求めよ（向きは法線方向となす角を θ として $\tan\theta$ の形で求めよ）。

図3-28

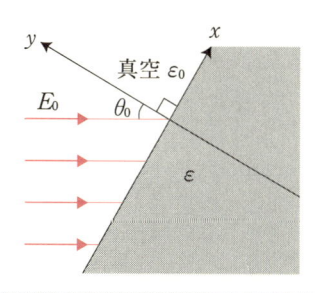

ヒント！ 電場の成分を表面に平行な方向と法線方向に分解し，平行な方向の電場の連続性，および法線方向の電束密度の連続性の式を立てればよい（63ページ）。

解答＆解説

図3-29 ● $E_0 \sin\theta_0 = E \sin\theta$

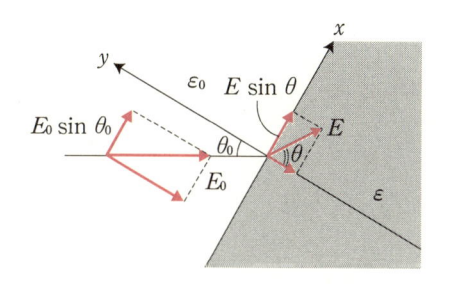

図3-30 ● $D_0 \cos\theta_0 = D \cos\theta$
($D_0 = \varepsilon_0 E_0$, $D = \varepsilon E$)

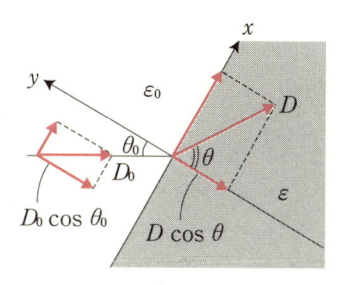

図のように x 軸，y 軸を設定し，誘電体内部の電場の大きさを E，その y 軸となす角を θ とする。また電束密度の大きさを，真空中では D_0，誘電体中では D とすれば，境界面において次の式が成立する。

x 方向：電場成分の連続性：$E_0 \sin \theta_0 = E \sin \theta$ ……①

y 方向：電束密度成分の連続性：$D_0 \cos \theta_0 = D \cos \theta$ ……②

ここで，$D_0 = \varepsilon_0 E_0$，$D = \varepsilon E$ であるから，②式は，

$$\varepsilon_0 E_0 \cos \theta_0 = \varepsilon E \cos \theta \quad \text{……③}$$

となる。①式と③式を，未知数 E と θ に関する連立方程式として解けばよい。それぞれをもう一度書き直して，高校物理でも見慣れた形にする。

$$E \sin \theta = E_0 \sin \theta_0 \quad \text{……①}$$

$$E \cos \theta = \frac{\varepsilon_0}{\varepsilon} E_0 \cos \theta_0 \quad \text{……③}'$$

①^2＋③$'^2$ とすれば，三角関数の公式 $\sin^2 \theta + \cos^2 \theta = 1$ より θ が消去できて，電場の大きさ E は，

$$E = E_0 \sqrt{\sin^2 \theta_0 + \frac{\varepsilon_0^2}{\varepsilon^2} \cos^2 \theta_0} \quad \text{……(答)}$$

①÷③$'$ とすれば E が消去できて，なす角 θ は，

$$\tan \theta = \frac{\varepsilon}{\varepsilon_0} \tan \theta_0 \quad \text{……(答)}$$

実習問題 3-4 ★★★

誘電率 ε の油の中に半径 a の導体球を置く。この導体球の中心 O から $b(>a)$ の距離に電気量 $q(>0)$ の点電荷 B を置いたとき，この点電荷が導体球から受ける力の大きさを求めよ。ただし，導体球は接地されているものとする。

図3-31

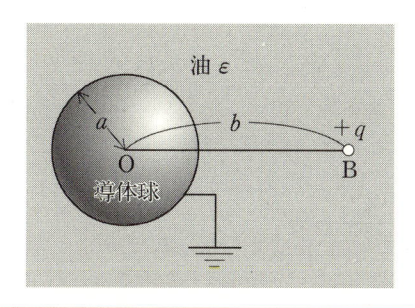

ヒント！ 誘電率 ε の誘電体中でのクーロンの法則は，真空中のクーロンの法則における比例定数 ε_0 を ε に置き換えるだけでよい。つまり，この問題は球形の導体の電気鏡像法の問題である。『電磁気学ノート』63 ページとまったく同様に解けばよい。

解答＆解説

図3-32 ● OB 上に仮想的な負の点電荷を置く。

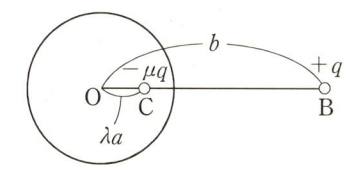

図のように，(導体球を取り去り) 球の中心 O と点電荷 B を結ぶ線分上の球内の点 C(OC＝λa) に $-\mu q$ の点電荷 C を置く。この仮想的な点電荷 C が，導体球があるときの境界条件と同じ条件をみたせばよいわけである。導体球は接地されているから，これ以外の点電荷を考える必要はない (導体球が接地されていなければ，全体の電荷を 0 に保つために，さら

に $+\mu q$ の点電荷の存在を考えなくてはいけない．『電磁気学ノート』参照）．

図3-33

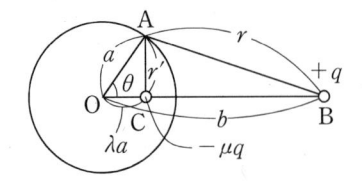

導体球の表面の電位は 0 でなくてはならないから，導体球の表面の任意の点 A を考え，図のように記号をとって，
$$\frac{1}{4\pi\varepsilon}\left(\frac{q}{r}-\frac{\mu q}{r'}\right)=0$$
ゆえに，
$$r'=\mu r$$
上式の r' と r を三角関数の余弦定理を用いて書けば，
$$\sqrt{a^2+\lambda^2 a^2-2\lambda a^2\cos\theta}=\mu\sqrt{a^2+b^2-2ab\cos\theta}$$
両辺を 2 乗して式を整理すれば，
$$a^2+\lambda^2 a^2-(a^2+b^2)\mu^2-2(\lambda a^2-ab\mu^2)\cos\theta=0$$
この式は，θ の値にかかわらず成立しなくてはいけないから，定数項および $\cos\theta$ の項の係数はともに 0 でなくてはならない．ゆえに，
$$a^2\lambda^2-(a^2+b^2)\mu^2+a^2=0 \quad \cdots\cdots ①$$
$$\lambda a-b\mu^2=0 \quad \cdots\cdots ②$$
②式より，
$$\mu^2=\boxed{\text{(a)}}$$
これを①式に代入して，
$$ab\lambda^2-(a^2+b^2)\lambda+ab=0$$
この 2 次方程式を解いて，

$$\lambda = \frac{a}{b} \quad \left(\begin{array}{l} \text{もう1つの解}\dfrac{b}{a}\text{は,仮想的な点電荷Cの位置が} \\ \text{導体球の外部になるので不適。} \end{array} \right)$$

よって,

$$\mu = \boxed{\text{(b)}}$$

以上より,点Cの位置は中心Oから $\lambda a = \dfrac{a^2}{b}$,その点の点電荷は $-\dfrac{a}{b}q$ とすればよい。

図3-34 ● $\varepsilon_0 \to \varepsilon$ とすればクーロンの法則がそのまま成立

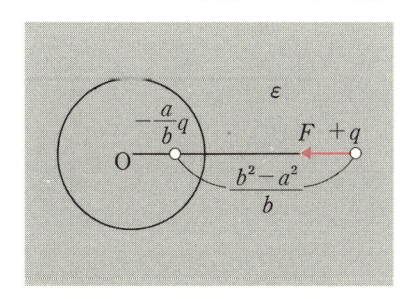

よって,点電荷が導体球から受ける力の大きさ F は,誘電率 ε の誘電体内であることを考慮して,

$$F = \frac{1}{4\pi\varepsilon} \frac{\mu q^2}{(b-\lambda a)^2}$$

$$= \boxed{\text{(c)}} \quad \cdots\cdots \text{(答)}$$

(a) $\dfrac{a}{b}\lambda$ (b) $\dfrac{a}{b}$ (c) $\dfrac{abq^2}{4\pi\varepsilon(b^2-a^2)^2}$

> **演習問題 3-5** ★★☆☆
>
> 電場 E と静電ポテンシャル ϕ の間には，
> $$\nabla \phi = -E$$
> の関係があるが，これは物理的には電場ベクトルがポテンシャルの最大傾斜の方向を向き，その大きさが「傾き」（数学的にいえば微分係数）に等しいことを意味している（負号は，傾きが負のとき電場が正の方向を向くことに合わせるためである）。すなわち，演算子 ∇ をベクトルとみなし，
> $$\nabla \equiv \left(\frac{\partial}{\partial x} \bm{i}, \frac{\partial}{\partial y} \bm{j}, \frac{\partial}{\partial z} \bm{k} \right)$$
> で定義できる（$\bm{i}, \bm{j}, \bm{k}$ はそれぞれの方向の単位ベクトル）。
>
> ∇ の球座標 (r, θ, φ) 表示を導け。

ヒント！ たとえば，微分係数 $\dfrac{\mathrm{d}\phi}{\mathrm{d}x}$ は，記号そのままに，ϕ の微小変化 $\mathrm{d}\phi$ を微小距離 $\mathrm{d}x$ で割ることを意味している。つまり，分母には，微小体積要素の1辺の長さが来ている。球座標においても同様に考えればよい。

解答&解説 球座標の微小体積要素は，3辺の長さが $\mathrm{d}r, r\mathrm{d}\theta, r\sin\theta\,\mathrm{d}\varphi$ でつくられる直方体である（演習問題 2-4）。

図3-35

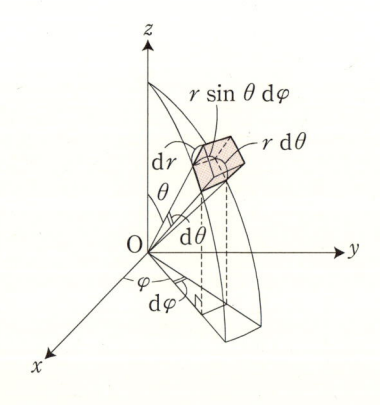

それゆえ，ある物理量の r, θ, φ 方向への傾きは，その量の微小変化

を，それら3辺の長さでそれぞれ割っておけばよい。

よって，r方向，θ方向，φ方向の単位ベクトルをそれぞれ，$\bm{e}_r, \bm{e}_\theta, \bm{e}_\varphi$として，

$$\nabla \equiv \left(\frac{\partial}{\partial r}\, \bm{e}_r,\ \frac{\partial}{r\partial \theta}\, \bm{e}_\theta,\ \frac{\partial}{r\sin\theta\, \partial\varphi}\, \bm{e}_\varphi \right) \quad \cdots\cdots(答)$$

●電磁気学を創った人々

ヘンリー(1797-1878)

> **実習問題 3-5** ★★☆☆☆
>
> 十分に長いまっすぐな導体に電荷が一様に分布している。この導体の周囲の静電ポテンシャル ϕ が2次元極座標表示で，
>
> $$\phi = -a \log r \quad (a は定数)$$
>
> で与えられるとき，導体に分布する電荷の線密度を求めよ。
>
> **図3-36**

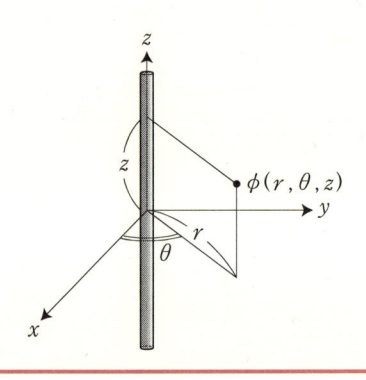

ヒント！ 一見むずかしそうな問題だが，対称性に着目し，$\nabla \phi = -\boldsymbol{E}$ とガウスの法則を使えば容易である。

解答&解説 対称性より，導体の周囲に電場が放射状に生じることが分かる。すなわち，座標系は2次元極座標（円筒座標）を使うのが便利である。

電場が θ, z によらず r のみの関数なのは明らか。前問と同様にして，円筒座標系 r-θ-z における ∇ の要素は，

$$\nabla \equiv \left(\frac{\partial}{\partial r} \boldsymbol{e}_r, \frac{\partial}{r \partial \theta} \boldsymbol{e}_\theta, \frac{\partial}{\partial z} \boldsymbol{e}_z \right)$$

であるから，

$$\nabla \phi = \frac{\mathrm{d}\phi}{\mathrm{d}r} \boldsymbol{e}_r$$
$$= -\frac{a}{r} \boldsymbol{e}_r \quad \left(\because \frac{\mathrm{d}}{\mathrm{d}r}(-a \log r) = -\frac{a}{r} \right)$$

である。また，

$$\nabla \phi = -\boldsymbol{E}$$

より，電場 $\boldsymbol{E}$ は r の正方向を向き，その大きさ E は，

$$E = \boxed{(a)}$$

図3-37 ● ガウスの法則 $2\pi r \mathrm{d}z \times E = \dfrac{\rho \mathrm{d}z}{\varepsilon_0}$

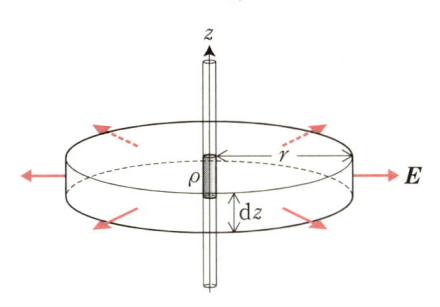

ガウスの法則を，この導体から距離 r の円形帯に適用すれば，導体の電荷の線密度を ρ として，

$$2\pi r E \mathrm{d}z = \dfrac{\rho \mathrm{d}z}{\varepsilon_0}$$

よって，

$$\rho = 2\pi \varepsilon_0 r E$$
$$= \boxed{(b)} \quad \cdots\cdots(答)$$

(a) $\dfrac{a}{r}$ (b) $2\pi\varepsilon_0 a$

講義 LECTURE 04 定常電流と磁場

◆磁場とは何か

磁場をつくるのは電流(動く電気)である。磁石は原子の周囲を回る電子がつくる磁場の重ね合わせでできている。単独の磁荷(N極, S極)は存在しないため，電場と違って，磁力線には湧き出し口や吸い込み口がない。そのため，磁力線はループを描く。すなわち，磁場には「回転」がつきまとう。

図4-1

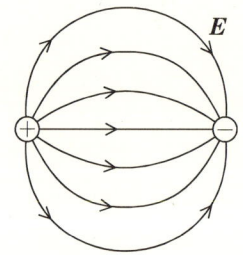

電場には湧き出し口と吸い込み口がある。

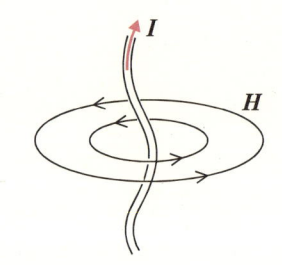

磁場には湧き出し口，吸い込み口がなく，ループを描く。

◆磁気の単位

電場と磁場は密接に関連しているので，仮想的な単位磁極(単位：Wbウェーバー)を想定すると，静電場の法則と同じ形式で静磁場の法則をつくることができる。クーロンとウェーバーを対応させると，電場と磁場，電束密度と**磁束密度**，真空の誘電率と**真空の透磁率**を，対称的に対応させることができる。

図4-2● 単独の磁荷があるとすれば，静電場と静磁場は同じ形式で書ける。

$$F=\frac{1}{4\pi\varepsilon_0}\frac{q_1q_2}{r^2}$$
[C]　[C]

$$F=\frac{1}{4\pi\mu_0}\frac{m_1m_2}{r^2}$$
[Wb]　[Wb]

◆ 静電場と静磁場の単位の比較

電荷 q [C]	磁荷 m [Wb]
電場 E [N/C]	磁場 H [N/Wb]
電束密度 D [C/m²]	磁束密度 B [Wb/m²]
真空の誘電率 $\varepsilon_0=\dfrac{D}{E}$ [C²/Nm²]	真空の透磁率 $\mu_0=\dfrac{B}{H}$ [Wb²/Nm²]

ただし，じっさいに力として観測されるのは，静電場においては電場 E であるのに対して，磁場においては（単位磁荷が現実にはないため磁場 H は観測されず）磁束密度 B が観測される（例：$F_E=qE$, $F_M=qvB$）。

◆電流と電流密度

電流とは，単位時間に導体の断面を通過する電気量である。電流 I は電荷の流れであるから方向をもつベクトルである。時間的に変化しない電流を**定常電流**と呼ぶ。

単位面積あたりの電流を**電流密度 i** とする。

図4-3● 単位時間に通過する電気量

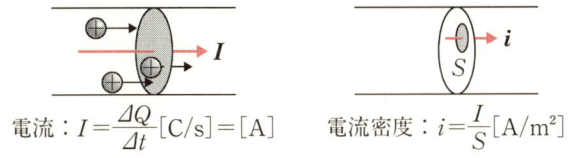

電流：$I=\dfrac{\Delta Q}{\Delta t}$ [C/s]＝[A]　　電流密度：$i=\dfrac{I}{S}$ [A/m²]

◆電荷の保存則

電荷の保存則は，エネルギー保存，運動量保存と並んで，物理学にお

ける基本法則である（質量保存は，相対論の登場によって基本法則ではなくなった）。

$$\mathrm{div}\,\boldsymbol{i} = -\frac{\partial \rho}{\partial t}$$

あるいは，

$$\mathrm{div}\,\boldsymbol{i} + \frac{\partial \rho}{\partial t} = 0$$

は，きわめて単純な事実を述べている。すなわち，電荷の保存則が成立するならば，ある体積内で毎秒毎秒減っていく電気量は，その体積から「発散」していく電流の合計に等しい。

図4-4● 外部に出た分だけ，内部の電荷は減少する。

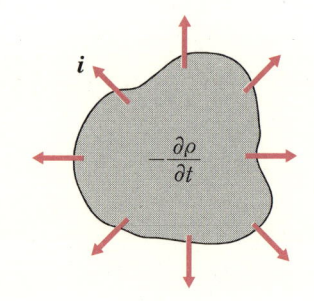

◆アンペールの法則

電流がつくる磁場の法則には，いくつかの表現方法がある（むろん本質は1つである）。**アンペールの法則**は，そのなかでもっともイメージの湧く法則で，静電場におけるガウスの法則と同様，対称性が存在する磁場においては，きわめて利用価値が高い。

> 一般法則：任意の閉曲線に沿って磁場 H を足し合わせると，その合計は，閉曲線が囲む曲面を通過する電流の合計に等しい。

図4-5 アンペールの法則

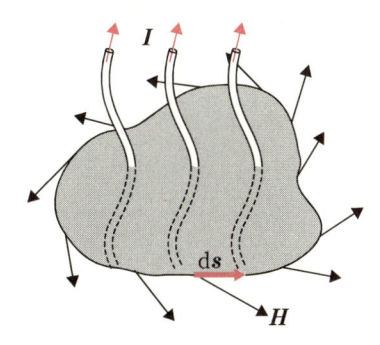

電流と磁場の向きは，**右ねじの規則**によって決める。磁場の神髄は「回転」だから，あらゆる法則にこの右ねじの規則が適用できる。

図4-6 右ねじの規則

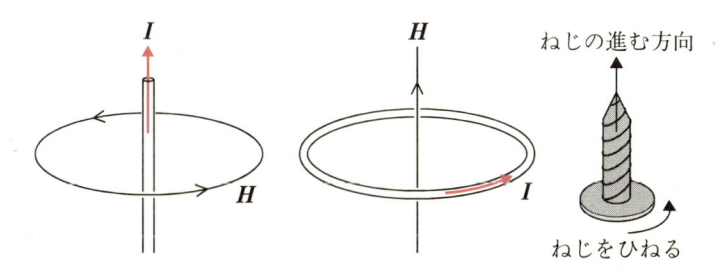

アンペールの法則を微分形で書けば，

$$\mathrm{rot}\,\boldsymbol{H} = \boldsymbol{i}$$

図4-7 $\mathrm{rot}\,\boldsymbol{H} = \boldsymbol{i}$ のイメージ

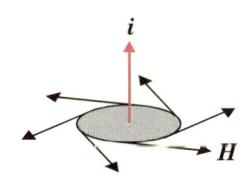

例1 無限に長い直線電流のつくる磁場。

図4-8● 対称性を利用して，アンペールの法則を適用

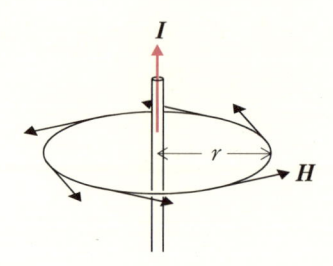

$2\pi rH = I$ より，

$$H = \frac{I}{2\pi r}$$

よって，磁場の単位は，[A/m]である。

例2 無限に長いソレノイド・コイル（単位長さあたりの巻き数n）の内部の磁場。

図4-9● ソレノイド・コイル

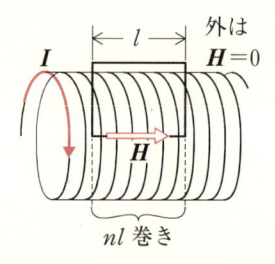

$lH = nlI$ より，

$$H = nI$$

◆ビオ-サバールの法則

点電荷qがつくる静電場の法則に対応するのが，**ビオ-サバールの法則**である。

図4-10 ビオ–サバールの法則

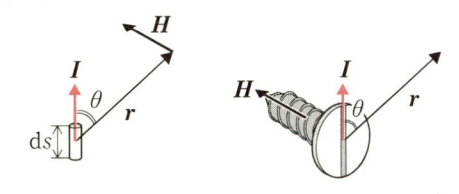

すなわち，微小な電流素片 $I\mathrm{d}s$ が距離 r の位置につくる磁場は，

> 向き：$I \times r$　（I から r へ，右ねじをひねる）
>
> 大きさ：$\mathrm{d}H = \dfrac{I\mathrm{d}s \sin\theta}{4\pi r^2}$

これは，静電場のクーロンの法則に電荷の速度 v をかけ，そのベクトル積の成分をとったものになっている（ε_0 の定数は除いて）。なぜこのような法則が成立するかは，磁場が静電場の相対論的効果であることで説明できる。

例3　円形電流の中心の磁場。

図4-11 対称性を利用して，ビオ–サバールの法則を適用

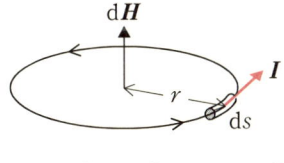

$$H = \int_{\text{円周}} \frac{I}{4\pi r^2} \mathrm{d}s = \frac{I}{2r}$$

◆ベクトル・ポテンシャル

単位磁荷が存在しない，すなわち磁力線には湧き出し口・吸い込み口がないことは，微分形で，

$$\mathrm{div}\, \boldsymbol{H} = 0$$

と表現できる。これは磁場が「回転」であることを物語っている。数学的にいえば，

$$\mu_0 \boldsymbol{H} = \mathrm{rot}\, \boldsymbol{A}$$

となるようなベクトル $\boldsymbol{A}$ が存在する(定数 μ_0 は便宜的につけただけである)。なぜなら, $\boldsymbol{H}$ が上のように書けるなら,

$$\mathrm{div}\, \boldsymbol{H} = \frac{\mathrm{div}(\mathrm{rot}\, \boldsymbol{A})}{\mu_0} = 0$$

がつねに成立するからである(実習問題 4-4)。

静電ポテンシャル ϕ と電場 $\boldsymbol{E}$ の関係,

$$\boldsymbol{E} = -\nabla \phi$$

を,

$$\mu_0 \boldsymbol{H} = \nabla \times \boldsymbol{A}$$

の関係と比べると, スカラーとベクトルの違いだけで形式は同じなので, $\boldsymbol{A}$ を磁場の**ベクトル・ポテンシャル**と呼ぶ。μ_0 をつけた理由は, 左辺を磁束密度 $\boldsymbol{B}$ にするためである。

じっさい, 点電荷 q がつくる静電ポテンシャル ϕ が,

$$\phi = \frac{q}{4\pi\varepsilon_0 r}$$

で表されるのに対応して, 微小電流素片 $\boldsymbol{I}\mathrm{d}s$ がつくるベクトル・ポテンシャルは,

$$\boldsymbol{A} = \frac{\mu_0 \boldsymbol{I}\mathrm{d}s}{4\pi r}$$

と書ける(相対論では, これらは 4 次元ベクトルの 4 つの成分として統一される)。$\boldsymbol{A}$ は電流の向き $\boldsymbol{I}$ と同じ方向である。そして, 磁場 $\boldsymbol{H}$ は $\boldsymbol{A}(\boldsymbol{I})$ に垂直な面内の「回転」として現れる。

◆演習問題・実習問題

真空の誘電率 $\varepsilon_0 (\fallingdotseq 8.85 \times 10^{-12} [\mathrm{C^2/Nm^2}])$，真空の透磁率 $\mu_0 (= 4\pi \times 10^{-7} [\mathrm{Wb^2/Nm^2}])$ は与えられているものとする。

> **演習問題 4-1** ★☆☆☆☆
> 点磁荷なるものが存在するとして，1[Wb]の点磁荷同士の間に働く静磁気力の大きさは，1[C]の点電荷同士の間に働く静電気力の大きさのおよそ何倍か。

ヒント！ 静磁場と静電場は同じ形式で表現されるが，磁場の力は電場の力に比べて非常に弱い。そのような基本的なことがらをイメージしておこうという問題である。ただし，クーロンやウェーバーといった単位は便宜的なもので，単純な比較は意味がないことも忘れないように。

解答&解説 距離 r だけ離れて置かれた2つの1[C]の点電荷の間に働く静電気力の大きさ F_E は，

$$F_E = \frac{1}{4\pi\varepsilon_0 r^2}$$

一方，距離 r だけ離れて置かれた2つの1[Wb]の点磁荷の間に働く静磁気力の大きさ F_M は，

$$F_M = \frac{1}{4\pi\mu_0 r^2}$$

図4-12●静電気力と静磁気力の比較

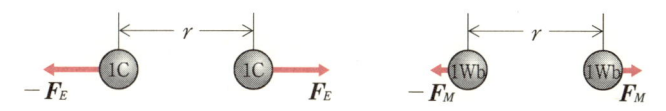

ゆえに，

$$\frac{F_M}{F_E} = \frac{\varepsilon_0}{\mu_0}$$
$$= \frac{8.85 \times 10^{-12}}{4\pi \times 10^{-7}} = 7.04 \times 10^{-6} \quad \cdots\cdots (\text{答})$$

> **実習問題 4-1** ★☆☆☆
>
> 電荷を q，磁荷を m，電場を E，磁場を H，電束密度を D，磁束密度を B，真空の誘電率を ε_0，真空の透磁率を μ_0 としたときに，次のそれぞれの量は電磁気的な次元を含まず，力学的な単位 kg, m, s だけで表せることを示せ。
> (1) qm　(2) ED　(3) HB　(4) $\varepsilon_0 \mu_0$

ヒント! 電磁気学の単位は，実用上つくられたものが多いので，その複雑さにあまり頭を悩まさない方がよい。ただ，すべての物理量の単位は，力学で用いる kg, m, s 以外に，電磁気的な単位を1つ加えれば表せることは，熟知しておくべきである。

解答&解説 (1) クーロンとウェーバーを結びつけるキーは，磁場の単位である。すなわち，磁場 H を静磁気力の法則から捉えるなら，「1 ウェーバーの磁荷に働く力」であるから，

$$\text{N/Wb}$$

磁場 H を電流によって表現するなら，「電流／距離」であるから，

$$\text{A/m} (= \text{C/s·m})$$

よって，

$$\text{N/Wb} = \text{C/s·m}$$

ゆえに，

$$\text{C·Wb} = \text{N·m·s} = \boxed{} \quad \cdots\cdots(答)$$

ひとこと N·m·s は，「エネルギー×時間」，あるいは「運動量×距離」の次元と同じで，これは「作用」と呼ばれる次元である。

(2) 電場 E の単位は N/C，電束密度 D の単位は，電荷面密度と同じ，「電荷／面積」すなわち，C/m^2 であるから，ED の単位は，

$$\text{N/C} \times \text{C/m}^2 = \text{N/m}^2 = \boxed{} \quad \cdots\cdots(答)$$

> **ひとこと** $N/m^2 = N \cdot m/m^3 = J/m^3$ で，これはエネルギー密度の単位である。じっさい，$\frac{1}{2}ED$ は，電場のある空間がもつエネルギー密度である（36 ページ）。

(3) 前問と同様で磁場 H の単位は N/Wb，磁束密度 B の単位は Wb/m^2 であるから，HB の単位は，

$$N/Wb \times Wb/m^2$$
$$= N/m^2 = \boxed{(c)} \quad \cdots\cdots\text{(答)}$$

> **ひとこと** $\frac{1}{2}HB$ は，磁場のある空間がもつエネルギー密度である（150 ページ）。

(4) ε_0 と μ_0 の単位は，それぞれ静電気力と静磁気力の法則より，

$$C^2/N \cdot m^2$$
$$Wb^2/N \cdot m^2$$

だから，$\varepsilon_0 \mu_0$ の単位は，(1)の結果を用いて，

$$(C \cdot Wb)^2/N^2 \cdot m^4$$
$$= (N \cdot m \cdot s)^2/N^2 \cdot m^4 = \boxed{(d)} \quad \cdots\cdots\text{(答)}$$

> **ひとこと** ε_0 と μ_0 は人為的につくられた定数であって，それぞれの数値に本質的な意味はないが，両者の積 $\varepsilon_0\mu_0$ は真空中の光の速さ c という普遍定数と結びついている（182 ページ）。すなわち，
> $$\varepsilon_0\mu_0 = \frac{1}{c^2}$$

(a) $kg \cdot m^2/s$ (b) $kg/m \cdot s^2$ (c) $kg/m \cdot s^2$ (d) s^2/m^2

演習問題 4-2 ★★☆☆

半径 R の球の中に一様な密度で正電荷をもった気体が分布し、その気体は等方的に球の外部へと散逸しているとする。いま、散逸が時間的にも一様とみなせる程度の短い時間間隔 Δt で球内の電荷密度を調べたところ、時刻 t_0 での電荷密度が ρ_0、時刻 $t_0+\Delta t$ での電荷密度が ρ であった。このとき、球の表面における電流密度の大きさを求めよ。

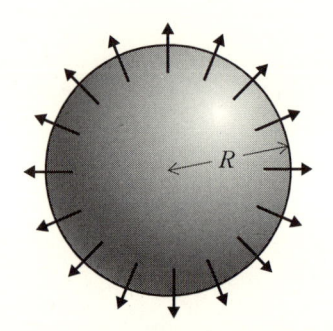

図4-13

ヒント! 電荷の保存則 $\text{div}\,\boldsymbol{i}+\dfrac{\partial \rho}{\partial t}=0$ の直感的なイメージを描けば容易。電流は断面を単位時間に通過する電気量で定義されるが、その断面が閉じていれば、電流として流れ出た分、内部の電荷は減少する。

解答 & 解説

図4-14 ● $4\pi R^2 i = \dfrac{\Delta Q}{\Delta t}$

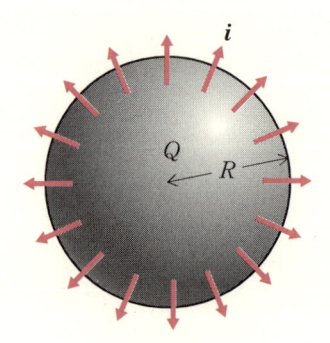

題意より求める電流密度 i は球対称で，球面に垂直である。よって，その大きさを i, 球面に垂直な単位ベクトルを $\bm{n}$ とすれば，

$$\int_{球の全体積} \mathrm{div}\, \bm{i}\, \mathrm{d}V = \int_{球の全表面} \bm{i}\cdot\bm{n}\, \mathrm{d}S$$
$$= 4\pi R^2 i$$

一方，球の内部にある全電荷 Q は，その密度を ρ として，

$$Q = \frac{4}{3}\pi R^3 \rho$$

であるから，単位時間に減少する球内の電気量 $\dfrac{\varDelta Q}{\varDelta t}$ は，

$$\frac{\varDelta Q}{\varDelta t} = \frac{Q_0 - Q}{\varDelta t} = \frac{\frac{4}{3}\pi R^3 (\rho_0 - \rho)}{\varDelta t}$$

電荷の保存則より

$$4\pi R^2 i = \frac{\frac{4}{3}\pi R^3 (\rho_0 - \rho)}{\varDelta t}$$

よって,

$$i = \frac{R(\rho_0 - \rho)}{3\varDelta t} \quad \cdots\cdots(答)$$

実習問題 4-2 ★★☆☆☆

半径 a の円柱形をしたまっすぐで無限に長い導体棒がある。導体棒の中心軸を z 軸としたとき，導体棒の内部を z 軸の正方向に，電流密度 i の一様な定常電流が流れている。このとき，導体の内部および外部の各点における磁場を求めよ。

図4-15

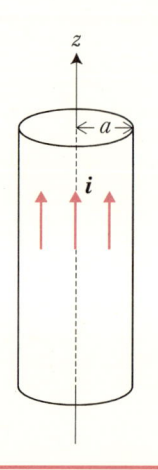

ヒント！ 電流がつくる磁場を求める方法には，①アンペールの法則，②ビオ-サバールの法則，③ $\mathrm{rot}\, \boldsymbol{H} = \boldsymbol{i}$ から求める方法，④ベクトル・ポテンシャルから求める方法などがあるが，①が一番簡単である。なお，電場の場合同様，空間的な対称性をできるかぎり利用すること。

解答&解説 円筒座標系 (r, θ, z) を用いれば，対称性より，磁場は z 軸の周囲に右ねじの規則に従って渦を巻く方向(円の接線方向，すなわち θ 方向)に生じ，「$r=$ 一定」の円周上ではその大きさは一定である。すなわち，磁場は r のみの関数で，かつ $H_r = H_z = 0$ である。

導体棒の内部 $(r \leq a)$ の半径 r の円周上にアンペールの法則を適用すれば，

$$2\pi r H(r) = \pi r^2 i$$

である。

図4-16 $r \leq a$ のとき

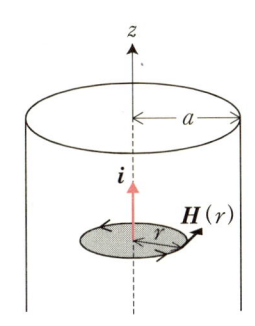

ゆえに,
$$H(r) = \boxed{\text{(a)}} \quad (r \leq a) \quad \cdots\cdots (答)$$

導体棒の外部 $(r > a)$ では,
$$2\pi r H(r) = \pi a^2 i$$
である。

図4-17 $r > a$ のとき

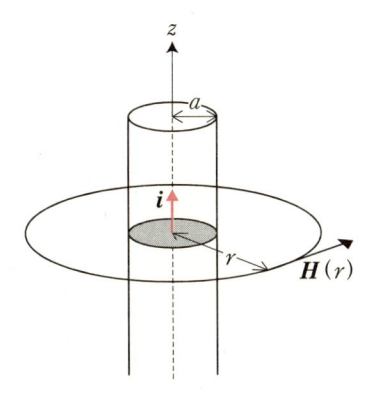

ゆえに,
$$H(r) = \boxed{\text{(b)}} \quad (r > a) \quad \cdots\cdots (答)$$

ひとこと まとめてグラフに描けば次図のようになる。

図4-18

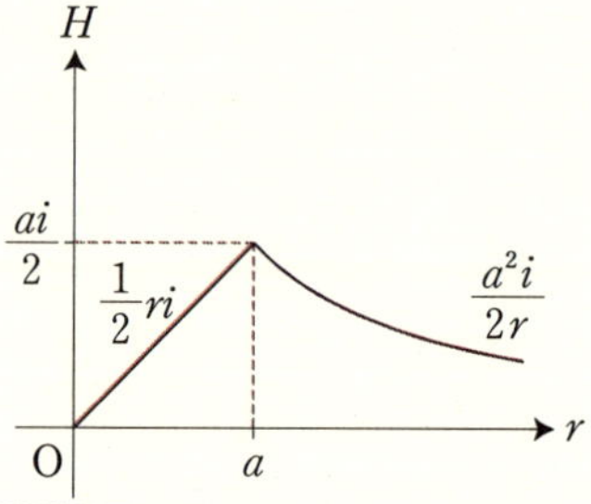

(a) $\frac{1}{2}ri$　(b) $\frac{a^2 i}{2r}$

演習問題 4-3 ★★☆☆

図のような回路 ABCDEFG に、矢印の方向に大きさ I の定常電流が流れている。このとき、点 O に生じる磁場の大きさを求めよ。ただし、点 ABODE は一直線上にあり、円弧 BCD は点 O を中心とする半径 a の半円、円弧 EFG は点 O を中心とする半径 b の半円である。

図4-19

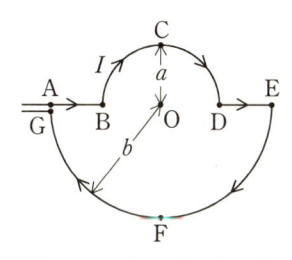

ヒント！ AB, DE を流れる電流が、点 O には磁場をつくらないことに気づけば、あとは円形電流の中心の磁場の簡単な応用である。

解答&解説 たとえばビオ-サバールの法則によれば、電流素片 $I\,ds$ がその周囲につくる磁場の大きさは、$I\sin\theta\,ds$ であるから、I となす角が 0 の方向には磁場は生じない。すなわち、導線 AB と DE を流れる電流は、点 O に磁場をつくらない。

図4-20 ● I は点線上には磁場をつくらない。

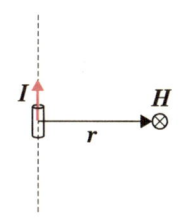

半径 r の円形電流の中心における磁場の大きさは $\dfrac{I}{2r}$ であるが、これはビオ-サバールの法則によって、電流素片を円周にわたって足し合

わせたものであるから，電流が半円形であるなら，磁場の大きさも半分のはずである。

よって，半円 BCD を流れる電流 I が点 O につくる磁場の大きさ H_1 は，

$$H_1 = \frac{I}{4a}$$

である。同様にして半円 EFG を流れる電流 I が点 O につくる磁場の大きさ H_2 は，

$$H_2 = \frac{I}{4b}$$

である。どちらの磁場もその向きは，右ねじの規則より，紙面の表から裏へ向かってであるから，合計の磁場の大きさ H は，H_1 と H_2 をそのまま足せばよい。

$$\begin{aligned}H &= H_1 + H_2 \\ &= \frac{I}{4}\left(\frac{1}{a}+\frac{1}{b}\right) \quad \cdots\cdots(\text{答})\end{aligned}$$

> **実習問題 4-3** ★★★
>
> 無限に長い直線電流 I がつくる磁場を，ビオ-サバールの法則より求めよ。
>
> 図4-21

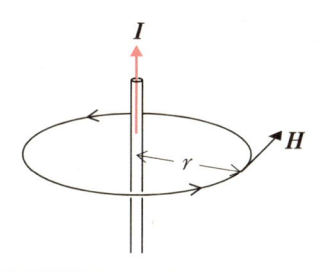

ヒント! アンペールの法則を用いれば，$H = \dfrac{I}{2\pi r}$ はすぐに導けるが，ビオ-サバールの法則では積分計算が必要。その練習である。

解答&解説 直線電流に沿って z 軸をとり，z 軸上の適当な点 O を原点とし，点 O から z 軸に垂直な方向に距離 r だけ離れた点 P における磁場を考える。OP の方向を x 軸，点 O を通り x 軸と z 軸に垂直に y 軸をとる。

図4-22

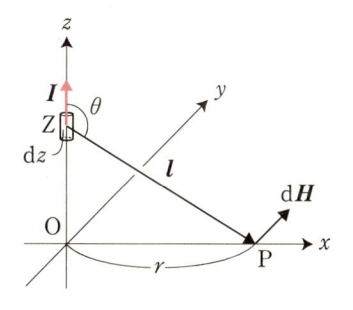

z 軸上の座標 z の点 Z に長さ dz の微小電流 $I dz$ をとり，この微小電流が点 P につくる磁場を $d\boldsymbol{H}$，点 Z から点 P へ向かう位置ベクトルを $\boldsymbol{l}$ とすれば，ビオ-サバールの法則より，$d\boldsymbol{H}$ の向きは，$\boldsymbol{I}$ から $\boldsymbol{l}$ へ右ねじをひねったときにねじの進む方向，すなわち y 方向である。

磁場の大きさ dH は，

$$dH = \frac{I dz \sin\theta}{4\pi l^2}$$

ただし，θ は $\boldsymbol{I}$ と $\boldsymbol{l}$ のなす角である。

z 軸上のどの微小電流素片が点 P につくる磁場の向きも y 方向であるから，直線電流全体が点 P につくる磁場の大きさは，dH をそのまま（スカラー的に）積分すればよい。すなわち，点 P の磁場の大きさ $H(r)$ は（$l^2 = r^2 + z^2$ だから），

$$H(r) = \int_{-\infty}^{+\infty} \frac{I dz \sin\theta}{4\pi (r^2 + z^2)}$$

あとは積分の計算だけであるが，計算と図形イメージを一致させるために角度を移動させておこう。前ページの図のように $z>0$ で $\theta > \frac{\pi}{2}$ だと，直感的把握がしにくいから，次図の φ を変数にとるとしよう。すると，$\theta = \varphi + \frac{\pi}{2}$ であるから，$\sin\theta = \sin\left(\varphi + \frac{\pi}{2}\right) = \cos\varphi$。また対称性より，積分範囲を $z=0 \to +\infty$ として結果を 2 倍すればよい。

図4-23● $z' = \tan\varphi$ とおくと簡単になる。

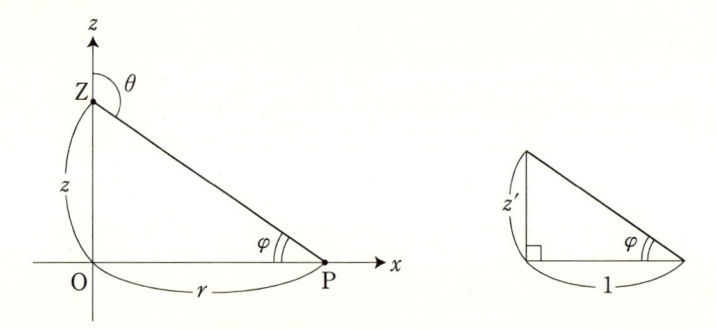

さらに，$z' = \dfrac{z}{r}$ と変数を変換すれば，図のように $z' = \tan\varphi$ という対応がつき，変数を z' から φ へと変換できる（この種の積分は，たいてい角度を変数にした方が簡単である）。

$$dz' = \frac{dz}{r}$$

$$dz' = d(\tan\varphi) = \boxed{\text{(a)}}$$

であるから，以上をまとめると，

$$H(r) = \frac{I}{2\pi r}\int_0^{+\infty}\frac{\cos\varphi\, dz'}{1+z'^2}$$

$$= \frac{I}{2\pi r}\int_0^{\frac{\pi}{2}}\cos\varphi\, d\varphi$$

$$= \frac{I}{2\pi r}\Big[\sin\varphi\Big]_0^{\frac{\pi}{2}} = \boxed{(b)\qquad} \quad\cdots\cdots(答)$$

図4-24● アンペールの法則で求めた答えと一致する。

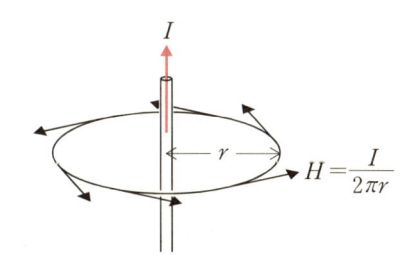

ひとこと この磁場は，x軸上の$x=r$における磁場の大きさであるが，対称性よりx軸はz軸の周りにどのように選んでも同じであるから，けっきょく，直線電流の周囲の半径rの円周上の接線方向に回転するような磁場が生じる。

　この結果は，アンペールの法則より求めた磁場とむろん一致する。

(a) $\dfrac{1}{\cos^2\varphi}d\varphi$　　(b) $\dfrac{I}{2\pi r}$

演習問題 4-4 ★★★★

半径 a, 長さ l, 単位長さあたりの巻き数 n のソレノイド・コイルに大きさ I の電流を流すとき，コイルの中心軸上に生じる磁場の大きさを求めよ。

図4-25

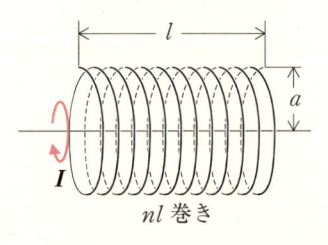

ヒント！ ビオ-サバールの法則を用いて，実習問題 4-3 とよく似た積分計算をしていけばよい。計算はやや複雑だが，本質的なむずかしさはないので，丁寧にやりさえすれば正解に辿りつく。結果は，$l \to \infty$ のとき，$H = nI$ とならなければならない（94 ページ）。

解答&解説 まず，1 巻きの円形電流 I の中心軸上の磁場を求めよう（『電磁気学ノート』129 ページ）。図のように中心軸を z 軸とし，$z=0$ での半径 a の円電流が点 P（座標 z）につくる磁場を考える。適当に x 軸をとり，円電流と交わる点を Q とし，まず点 Q での電流素辺 $I\mathrm{d}s$（向きは y 軸方向）が点 P につくる磁場を考える。

図4-26● $\mathrm{d}\boldsymbol{H}$ の z 成分 $\mathrm{d}H \cos\theta$ だけを足し合わせればよい。

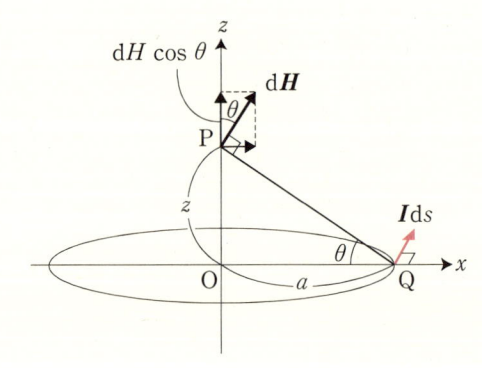

図のように $\angle \mathrm{PQO} = \theta$ とすれば，ビオ-サバールの法則より，磁場 $\mathrm{d}\boldsymbol{H}$ は線分 PQ に直角になるから，z 軸に対して θ の角をなす。これを円周に沿って足し合わせれば，z 軸に垂直な成分は打ち消し合い，z 軸方向の成分だけが足し合わされることになる。よって，電流素片 $I\mathrm{d}s$ がつくる磁場としては，z 成分 $\mathrm{d}H_z$ だけを考えておけばよい。ビオ-サバールの法則より，

$$\mathrm{d}H_z = \frac{I \cos\theta\, \mathrm{d}s}{4\pi(a^2+z^2)}$$

　そこで，1巻きの電流が点 P につくる磁場は，向きが z 軸方向でその大きさ H_1 は，

$$H_1 = \int \mathrm{d}H_z$$
$$= 2\pi a \cdot \frac{I \cos\theta}{4\pi(a^2+z^2)} = \frac{aI\cos\theta}{2(a^2+z^2)}$$

図4-27 $z = -b \to 0$ まで足し合わせる。

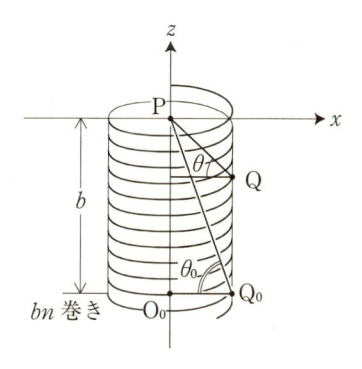

　次に点 P を $z=0$ として，$z=-b$ から $z=0$ までの bn 巻きの円形コイルが点 P につくる磁場を求めよう（z をマイナス b からとしているのは，はじめの図と対応させるための便宜的なものであって，範囲をどうとるかは読者諸氏のやりやすい方法でよい）。このとき，図の $\angle \mathrm{PQ_0O_0}$ を θ_0 としておく。すると，変数の範囲は，$z=-b \to 0$ のとき $\theta = -\theta_0 \to 0$ となる。

　実習問題 4-3 と同様に，変数変換，

$$z' = \frac{z}{a} \quad \left(z = -b \to 0 \text{ のとき, } z' = -\frac{b}{a} \to 0\right)$$
$$z' = \tan\theta$$

をおこなえば，幅 b のコイルが点 P につくる磁場の大きさ H_b は，

$$H_b = n\int_{-b}^{0} H_1\,dz = \frac{nI}{2}\int_{-\frac{b}{a}}^{0} \frac{\cos\theta\,dz'}{1+z'^2}$$
$$= \frac{nI}{2}\int_{-\theta_0}^{0} \cos\theta\,d\theta = \frac{nI}{2}\Big[\sin\theta\Big]_{-\theta_0}^{0}$$
$$= \frac{nI\sin\theta_0}{2}$$

図4-28● まとめてみれば。

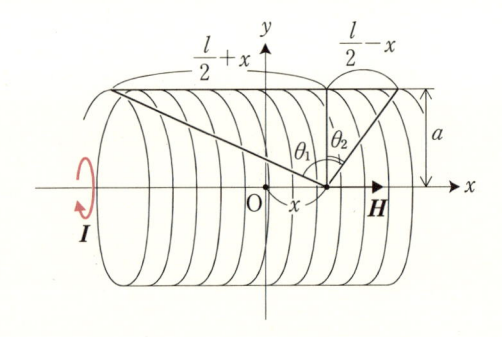

以上の結果を，問題に合わせて上の図に適用しよう。ソレノイド・コイルの中央を原点 O，中心軸を x 軸とすると，点 x における磁場の大きさ H は，

$$H = \frac{nI}{2}(\sin\theta_1 + \sin\theta_2)$$
$$= \frac{nI}{2}\left\{\frac{\frac{l}{2}+x}{\sqrt{\left(\frac{l}{2}+x\right)^2+a^2}} + \frac{\frac{l}{2}-x}{\sqrt{\left(\frac{l}{2}-x\right)^2+a^2}}\right\} \quad \left(-\frac{l}{2} \leqq x \leqq \frac{l}{2}\right)$$

……(答)

ひとこと $l \to \pm\infty$ とすれば, $\theta_1 = \theta_2 \to \dfrac{\pi}{2}$ だから, $\sin\theta_1 + \sin\theta_2 \to 2$ で,
$$H = nI$$
という無限に長いソレノイド・コイルの磁場となる。

●電磁気学を創った人々

ウェーバー(1804-1891)

実習問題 4-4 ★★☆☆

任意のベクトル A について，恒等的に，
$$\mathrm{div}(\mathrm{rot}\,A) = 0$$
が成立することを証明せよ。

ヒント！ デカルト座標で書き下せば，証明は簡単である。ただし，この恒等式の直感的イメージはなかなかむずかしい。電磁気現象に即してごく大雑把に捉えるなら，磁場は(単独の磁極が存在しないから)決して「発散」しない。それゆえ，磁力線は必ずループを描く。すなわち，磁場は必ず何か(A)の「回転」として表されるということである。

しかし，この逆は成立しない(数学的にいっても，$\mathrm{rot}(\mathrm{div}\,A)$ は定義できない)。つまり，電場は「発散」であって「回転」ではないというのは静電場だけに通用することで，時間変化する電磁場では，「回転」する電場が現れる(第6講)。

解答＆解説 ベクトル A のデカルト座標成分を，A_x, A_y, A_z とすると，

$$(\mathrm{rot}\,A)_x = \frac{\partial A_z}{\partial y} - \frac{\partial A_y}{\partial z}$$

$$(\mathrm{rot}\,A)_y = \frac{\partial A_x}{\partial z} - \frac{\partial A_z}{\partial x}$$

$$(\mathrm{rot}\,A)_z = \boxed{}\,(a)$$

よって，

$$\mathrm{div}(\mathrm{rot}\,A) = \frac{\partial(\mathrm{rot}\,A)_x}{\partial x} + \frac{\partial(\mathrm{rot}\,A)_y}{\partial y} + \frac{\partial(\mathrm{rot}\,A)_z}{\partial z}$$

$$= \frac{\partial}{\partial x}\left(\frac{\partial A_z}{\partial y} - \frac{\partial A_y}{\partial z}\right) + \frac{\partial}{\partial y}\left(\frac{\partial A_x}{\partial z} - \frac{\partial A_z}{\partial x}\right) + \frac{\partial}{\partial z}\left(\frac{\partial A_y}{\partial x} - \frac{\partial A_x}{\partial y}\right)$$

$$= \frac{\partial^2 A_z}{\partial x \partial y} - \frac{\partial^2 A_y}{\partial x \partial z} + \frac{\partial^2 A_x}{\partial y \partial z} - \frac{\partial^2 A_z}{\partial y \partial x} + \frac{\partial^2 A_y}{\partial z \partial x} - \frac{\partial^2 A_x}{\partial z \partial y}$$

$\dfrac{\partial^2}{\partial x \partial y} = \dfrac{\partial^2}{\partial y \partial x}$ だから，

$$= \boxed{}\,(b) \quad \cdots\cdots\text{【証明終わり】}$$

図4-29 ● $\pm\dfrac{\partial^2 A_z}{\partial x \partial y}$ となる2つの手順

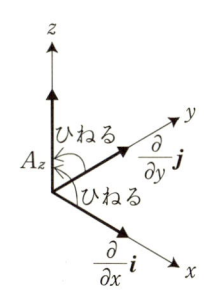

以上の結果を，イメージで描くなら，たとえば A_z 成分に着目しよう。A_z の回転は2方向がある。つまり，y から z にねじをひねって $+x$ 方向を向く回転。これは正である。次に，x から z にねじをひねって $-y$ 方向を向く回転。これは負である。ところで，これらの div をとると，その値は，

$$\frac{\partial^2 A_z}{\partial x \partial y} \quad \text{および} \quad -\frac{\partial^2 A_z}{\partial y \partial x}$$

となり，うまく打ち消し合うことになる。

(a) $\dfrac{\partial A_y}{\partial x} - \dfrac{\partial A_x}{\partial y}$ (b) 0

演習問題 4-5 ★★★★★

一般に，点電荷 q が距離 r の位置につくる静電ポテンシャル $\phi = \dfrac{q}{4\pi\varepsilon_0 r}$ に対応して，微小電流素片 $I\,ds$ から距離 r の位置につくる磁場のベクトル・ポテンシャルは $A = \dfrac{\mu_0 I\,ds}{4\pi r}$ となる。このことを使って，無限に長い直線電流 I がその周囲につくるベクトル・ポテンシャルおよび磁場を求めよ。

図4-30● ベクトル・ポテンシャル $A = \dfrac{\mu_0 I\,ds}{4\pi r}$

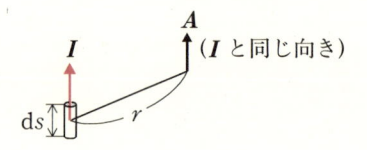

ヒント！ 関数 $f(r) = \dfrac{1}{r}$ は，積分範囲を無限大にとると発散してしまう。つまり，一般に無限に長い電荷や電流のポテンシャルを，微小素片の積分で求めることはできない。それゆえ，この問題を解くには回り道ではあるが，静電場のガウスの法則から出発するしかない。

解答＆解説 まず，無限に長い導線上に線密度 ρ で正電荷が分布しているときの周囲の電場を求めよう。図のように円筒座標系を用いれば，電場は r 方向に放射状をなし，z 方向には一様である。

図4-31● おなじみガウスの法則

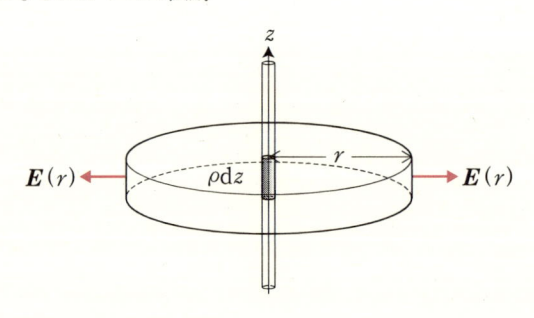

すなわちガウスの法則より，

$$2\pi r E(r)\mathrm{d}z = \frac{\rho \mathrm{d}z}{\varepsilon_0}$$

$$\therefore \quad E(r) = \frac{\rho}{2\pi\varepsilon_0 r}$$

よって，r における静電ポテンシャル $\phi(r)$ は，

$$\phi(r) = -\int E(r)\mathrm{d}r$$

$$= -\frac{\rho}{2\pi\varepsilon_0}\log r + C \quad (C\text{ は積分定数})$$

図4-32● ベクトル・ポテンシャル $A(r)$ は，I と同じ方向だから z 成分だけをもつ。

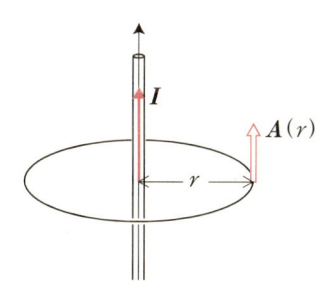

次に無限に長い直線電流 I を考える。静電ポテンシャル ϕ との比較から，電流から距離 r 離れた点におけるベクトル・ポテンシャル $A(r)$ は，

$$A(r) = -\frac{\mu_0 I}{2\pi}\log r + C \quad (C\text{ は積分定数})$$

で，ベクトル・ポテンシャルの向きは電流の向きと一致する。すなわち，ベクトル・ポテンシャルは z 方向の成分だけをもつ。

$$\left.\begin{array}{l} A(r)_r = 0 \\ A(r)_\theta = 0 \\ A(r)_z = -\dfrac{\mu_0 I}{2\pi}\log r + C \quad (C\text{ は積分定数}) \end{array}\right\} \quad \cdots\cdots\text{(答)}$$

次に磁場 H は，ベクトル・ポテンシャル A から，

$$\mu_0 H = \mathrm{rot}\,A$$

の関係で導かれる(係数 μ_0 はつじつま合わせである。本質的なことは，磁場がベクトル・ポテンシャルの「回転」で表現されるということである)。

図4-33 A の「回転」が H の方向

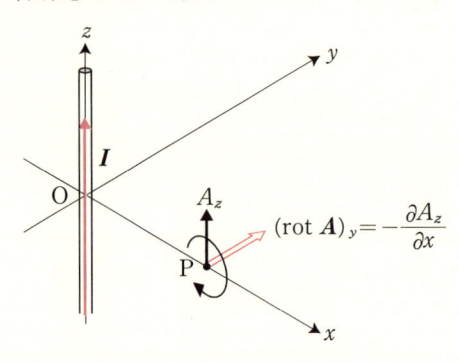

本来ならここで円筒座標系を用いるべきであるが，我々はまだ rot A の成分の円筒座標表示を求めていないので，ちょっと「ずる」をして，デカルト座標系を用いよう。すなわち，いま考えている電流から距離 r の点 P を x 軸上とし，それに直交して y 軸をとる。このとき，点 P に関してだけいえば，x 方向と r 方向が一致し，y 方向と θ 方向が一致する。積分定数を除けば，ベクトル・ポテンシャルは次のようになる。

$$A_x = 0$$
$$A_y = 0$$
$$A_z = -\frac{\mu_0 I}{2\pi} \log x$$

$\mu_0 \boldsymbol{H} = \text{rot}\,\boldsymbol{A}$ より，この点における磁場の成分は，

$$\mu_0 H_x = \frac{\partial A_z}{\partial y} - \frac{\partial A_y}{\partial z} = 0$$

$$\mu_0 H_y = \frac{\partial A_x}{\partial z} - \frac{\partial A_z}{\partial x}$$
$$= 0 - \left(-\frac{\mu_0 I}{2\pi} \cdot \frac{\partial \log x}{\partial x}\right)$$

$$\mu_0 H_z = \frac{\partial A_y}{\partial x} - \frac{\partial A_x}{\partial y} = 0$$

よって，磁場は y 方向を向き，その大きさは，ふたたび変数を r, θ, z に戻して，

$$H_\theta = \frac{I}{2\pi} \cdot \frac{\mathrm{d}(\log r)}{\mathrm{d}r} = \frac{I}{2\pi r} \quad \cdots\cdots(答)$$

ひとこと これは，もちろんアンペールの法則によって求めた磁場の大きさに等しい。いかにアンペールの法則が便利であるかが分かるであろう。逆にベクトル・ポテンシャルは，実用的とはとてもいえない。しかし，電磁気学の本質を理解するためには必要不可欠な概念なのである。

講義 05 ローレンツ力

◆磁場の力

　磁場は動く電気がつくる。そして，磁場から力を受けるのは，動く電気(電流や動く荷電粒子)である。つまり，磁場の力は，静電気力に対して「動電気力」とでも呼ぶべきものである(そうは呼ばないが)。これは，特殊相対性理論において，速さ v で動く物体のもつ物理量が，$\dfrac{v}{c}$ の係数に応じて変化することと対応している(c は真空中の光の速さ)。つまり，磁場の力は静電場の力の相対論的補正 なのである。

◆動く荷電粒子に働く磁場の力

　動く荷電粒子に働く力は，電荷が大きければ大きく，外部の磁場 H が大きければ大きく，粒子の速度 v が速ければ大きい。その比例定数として真空の透磁率 $\mu_0 (=4\pi \times 10^{-7} [\mathrm{N/A^2}])$ を導入し，磁束密度 $B=\mu_0 H$ と定義すれば，

$$F = qv \times B$$

力の向きは，右ねじの規則によって，v から B へねじをひねる方向である。

図5-1 ● 動く荷電粒子に働く磁場の力

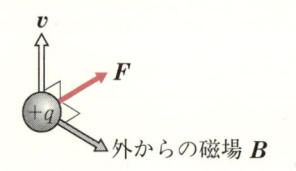

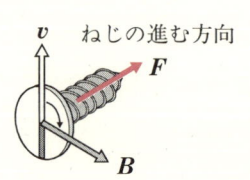

$v \times B$ はベクトル積である。B に平行な方向に動く粒子には力は働かない。すなわち，v と B のなす角を θ とすれば，磁場の力の大きさ F は，

$$F = qvB \sin \theta$$

となる。

電荷 q が負の場合には，力の向きは当然逆になる。

◆電流に働く磁場の力

電荷 $q(>0)$ の荷電粒子が速度 v で動くとき，それを電流 I として捉えれば，電流が流れる導線の長さ l について，qv と lI の同等性がいえる(演習問題 5-1)。よって，長さ l の電流 I に働く磁場の力は，

$$F = lI \times B$$

である。力の向きは，右ねじの規則より，I から B へねじをひねる方向。$I \times B$ がベクトル積であることも同様である。

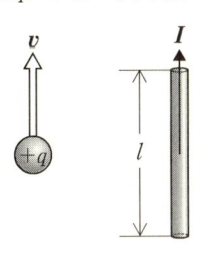

図5-2● qv と lI の同等性

図5-3● 電流に働く磁場の力

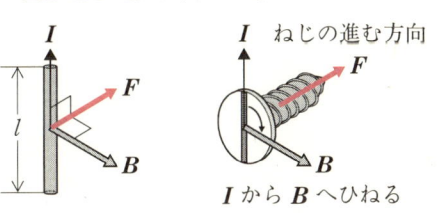

◆アンペアの定義

電流がつくる磁場の法則(アンペールの法則など。第 4 講)と，磁場の力の法則を組み合わせれば，2 つの電流が互いに及ぼす力が計算できる。

2 本の平行導線に電流を流すとき，同方向なら引力，逆方向なら斥力である。

図5-4● 平行電流に働く力

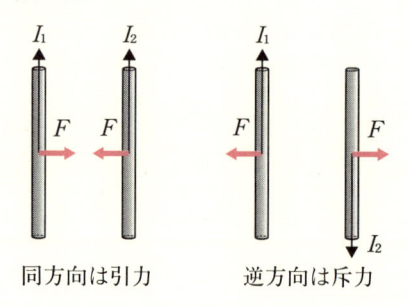

同方向は引力　　逆方向は斥力

　無限に長い，距離 r 離れた2本の平行導線の長さ l あたりに互いに働く力の大きさ F は，

$$F = \frac{\mu_0 l I_1 I_2}{2\pi r} = \frac{2\times 10^{-7} l I_1 I_2}{r}$$

である。$r=l=1$[m]，$I_1=I_2=1$[A]のとき，$F=2\times 10^{-7}$[N]ぴったりであるが，これはアンペアという電流の単位の定義でもある。また真空の透磁率 μ_0 の値も，$4\pi\times 10^{-7}$[N/A^2]ぴったりである（当然，測定値ではなく定義である）。

◆ローレンツ力

　電場 E と磁場（磁束密度）B が存在する場所に，電荷 q，速度 v の荷電粒子が存在すれば，その粒子に働く力 F は，

$$F = q(E + v \times B)$$

である。この力を**ローレンツ力**と呼ぶ。

　磁場の力が粒子の速度 v に依存しているため，このローレンツ力は，粒子を観測する座標系によって違った形に見える（たとえば，粒子と同じ速度 v で動く座標系から見れば，磁場の力は消える）。

　一様な磁場 B だけ存在する空間に荷電粒子があるとき，粒子の速度 v が磁場 B に垂直なら，粒子は磁場の力を向心力とする等速円運動をする。

円運動の半径を r, 粒子の質量を m とすると, その運動方程式(動径方向)は,

$$m\frac{v^2}{r} = qvB$$

である。

図5-5 ●一様な磁場中での等速円運動

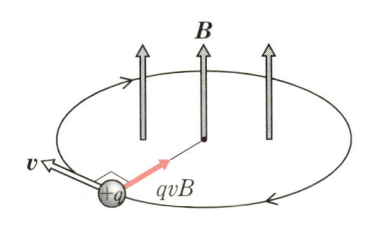

●電磁気学を創った人々

マクスウェル(1831-1879)

◆演習問題・実習問題

真空の誘電率 $\varepsilon_0 (\fallingdotseq 8.85 \times 10^{-12} [\mathrm{C}^2/\mathrm{Nm}^2])$，真空の透磁率 $\mu_0 (= 4\pi \times 10^{-7} [\mathrm{N/A}^2])$ は与えられているものとする。

演習問題 5-1 ★★

電荷 $q(>0)$ の荷電粒子が速度 v で飛んでいる。これを電流 I とみなすと，$qv = lI$ がいえることを示せ。ただし，l は電流が流れる導線の長さである。

図5-6

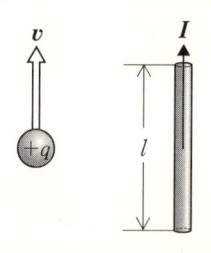

ヒント! ごく簡単に示せば，$qv = q \cdot \dfrac{l}{t} = \dfrac{q}{t} \cdot l = Il$ である。これを，もっともらしく説明すればよい。

解答&解説 v の向きが，電流 I の向きと一致するのはいうまでもない。よって，大きさ $qv = lI$ を示そう。

1個の荷電粒子では分かりにくいので，断面積 S の導線に，電荷 q の粒子が密度 n で存在するとする。また，これらの荷電粒子はすべて同じ速さ v で動くものとする。

図5-7● まず多数の q を想定する。

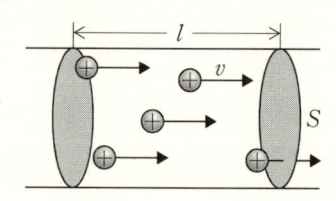

そうすると，この導線に流れる電流の大きさ I は，
$$I = Svnq$$
である。

なぜなら，導体の断面 S を，ある瞬間から測って1秒間で通過する荷電粒子の個数は，導線の長さ v の中に存在する荷電粒子の個数に等しく，1秒間で導体の断面を通過する電気量が電流だからである（高校物理でおなじみである）。

図5-8● 1秒間に S を通過するのは体積 Sv の中にある粒子

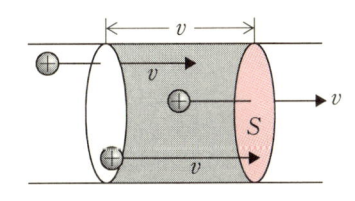

導線の長さ l を両辺にかけると，
$$lI = lSvnq$$

右辺の lSn は，導線の長さ l の中に存在する荷電粒子の個数である。題意は，荷電粒子1個についての比較であるから，$lSn=1$ とすれば，
$$qv = lI \quad \cdots\cdots 【証明終わり】$$

ひとこと この問題の趣旨はもちろん，荷電粒子に働く磁場の力の法則，$F = q\boldsymbol{v} \times \boldsymbol{B}$ と，電流に働く磁場の力の法則，$F = l\boldsymbol{I} \times \boldsymbol{B}$ の同等性を示すことである。

演習問題 5-2 ★★☆☆☆ 間隔が 0.1[m]の十分に長い 2 本の平行導線がある。それぞれの導線に 10[A]の定常電流を流すとき，互いに及ぼし合う力の大きさは，導線の長さ 1[m]あたり何[N]か。

図5-9

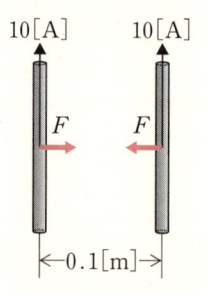

また，この磁場の力の大きさは，これらの電流同士に働く静電気力のおよそ何倍か（じっさいには，原子核の正電荷と電子の負電荷によって静電気力はキャンセルされ，現れない）。ただし，静電気力は，0.1[m]離れた 2 つの点電荷に働く静電気力に等しいと仮定し，導線の断面積は 1×10^{-6}[m^2]，電流の平均速度はおよそ 1×10^{-3}[m/s]であるとする。

ヒント！ 電流に働く静電気力を求めるには，電流を担っている電子の密度が必要だが，それは高校物理で覚えた $I=vSne$（v は電流の平均速度，S は導体の断面積，n は電子の密度，e は電気素量）を用いればよい。

解答＆解説 距離 r 隔てた 2 本の平行導線に，それぞれ電流 I_1, I_2 が流れているとき，導線の長さ l あたりに働く力の大きさ F は，

$$F=\frac{\mu_0 l I_1 I_2}{2\pi r}$$

であるから，与えられた数値を代入すれば，

$$F=\frac{4\pi\times10^{-7}\times1\times10\times10}{2\pi\times0.1}$$
$$=2\times10^{-4}\,[\text{N}] \quad \cdots\cdots(\text{答})$$

図5-10● $F = \dfrac{\mu_0 l I_1 I_2}{2\pi r}$

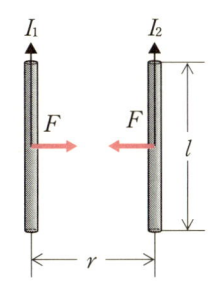

電流の公式 $I = vSne$ より,
$$ne = \frac{I}{vS} = \frac{10}{10^{-3} \times 10^{-6}}$$
$$= 1 \times 10^{10} \, [\text{C/m}^3]$$

図5-11● 体積 vS の中にある電荷が1秒間に断面 S を通過する。

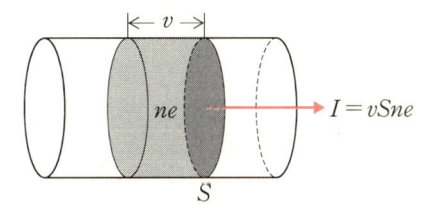

導線の長さ $1[\text{m}]$ あたりの体積 V は,
$$V = 1 \times 10^{-6} \, [\text{m}^3]$$
だから,導線 $1[\text{m}]$ あたりに含まれる電気量 Q は,
$$Q = neV = 10^{10} \times 10^{-6}$$
$$= 10^4 \, [\text{C}]$$

よって,2本の導線の長さ $1[\text{m}]$ あたりの電流を担っている電子同士の静電気力の大きさ F' は,電気量 Q が1点に集中した点電荷とみなせば,
$$F' = \frac{1}{4\pi\varepsilon_0} \frac{Q^2}{r^2}$$
$$= \frac{9.0 \times 10^9 \times (10^4)^2}{(0.1)^2}$$
$$= 9.0 \times 10^{19} \, [\text{N}]$$

よって，

$$\frac{F}{F'} = \frac{2\times 10^{-4}}{9\times 10^{19}}$$

$$= 2.2\times 10^{-24} \quad \cdots\cdots (答)$$

ひとこと 電流の速度はかなり大まかな設定にしてあるが，それにしても断面積 1[mm²] の導線に 10[A] の電流が流れるときに，その速度がわずか 1[mm/s] とは小さすぎるように思われるかもしれない。しかし，じっさいの電流の速度は概ねこの程度である。ただし，自由電子の熱運動による速さはもっと大きい。自由電子はランダムな運動をしながら，平均して 1[mm/s] 程度の速さで，じわじわと電場の中を動くのである。

磁場の力と静電場の力の差はあまりに大きいが，特殊相対論によると，速さ v で動く物体に働く力の大きさの相対論的補正は，$\left(\dfrac{v}{c}\right)^2$ に比例する。それゆえ上の結果は妥当なところである。秒速1ミリメートルで動く物体に働く重力の相対論的補正など，とても測定できるようなものではないが，電気力はあまりに巨大であるため，わずかな相対論的補正が磁場の力となって見えるのである。

> **実習問題 5-1** ★

図のように，x-y 平面上に，原点 O を中心に 1 辺の長さが a の正方形 $P_1P_2P_3P_4$ を考える。これらの 4 つの頂点を通って z 軸に平行な 4 本の無限に長い平行導線があり，それぞれに大きさ I の定常電流が流れている。電流の向きは，P_1, P_3 を通る電流が z 軸正方向，P_2, P_4 を通る電流が z 軸負方向である。

このとき，P_1 を流れる電流の，単位長さあたりに働く力の大きさと向きを求めよ。

図5-12

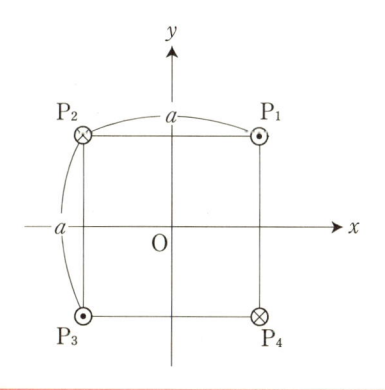

> **ヒント!** 同じ方向に流れる電流は引力，逆方向は斥力。それらをベクトル的に合成すればよい。高校物理の問題。

解答 & 解説 2 本の無限に長い平行電流に働く力の大きさ F は，電流の大きさを I_1, I_2，平行電流の距離を r，考える導線の長さを l として（122 ページおよび前問），

$$F = \frac{\mu_0 l I_1 I_2}{2\pi r}$$

であるが，$\mu_0 = 4\pi \times 10^{-7}$ だから，

$$F = \boxed{\text{(a)}} \text{ [N]}$$

点 P_1 を通る電流の単位長さが，点 P_2, P_3, P_4 のそれぞれから受ける電

流の大きさを F_{12}, F_{13}, F_{14} とすると，

$$F_{12} = F_{14} = \frac{\mu_0 I^2}{2\pi a}$$

$$F_{13} = \boxed{\text{(b)}}$$

図5-13

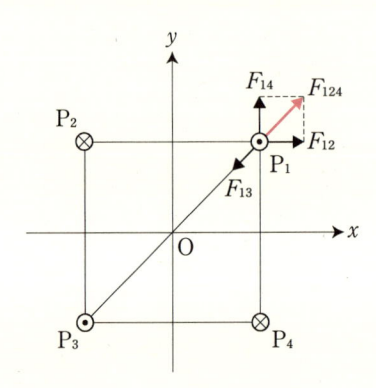

それぞれの力の向きは上図のようになるから，F_{12} と F_{14} の合力は F_{13} と逆の方向を向き，その大きさ F_{124} は，

$$F_{124} = \sqrt{2}\, F_{12} = \frac{\sqrt{2}\, \mu_0 I^2}{2\pi a}$$

F_{13} は F_{124} より明らかに小さいから，3つの力の合力は原点Oと逆を向き，その大きさ F は，

$$F = F_{124} - F_{13} = \frac{\left(\sqrt{2} - \dfrac{1}{\sqrt{2}}\right)\mu_0 I^2}{2\pi a}$$

$$= \boxed{\text{(c)}} \quad \cdots\cdots (答)$$

⋯⋯⋯⋯⋯⋯⋯⋯⋯⋯⋯⋯⋯⋯⋯⋯⋯⋯⋯⋯⋯⋯⋯⋯⋯⋯⋯⋯⋯⋯⋯⋯⋯⋯

(a) $\dfrac{2 \times 10^{-7} l I_1 I_2}{r}$ (b) $\dfrac{\mu_0 I^2}{2\sqrt{2}\,\pi a}$ (c) $\dfrac{\sqrt{2}\,\mu_0 I^2}{4\pi a}$

演習問題 5-3 ★★★★

無限に長い直線導線を z 軸とし，この直線導線に大きさ I の定常電流が z 軸正方向に流れている。この直線導線から距離 a の位置に，直線導線と直角に，長さ $2a$ の導線 AB を，一端 A が点 $(a,-a,0)$ に，他端 B が点 $(a,a,0)$ に一致するように置く。適当な方法で，A から B の方向へ大きさ I の定常電流を流すとき，導線 AB が直線導線から受ける偶力のモーメントの大きさを求めよ。

図5-14

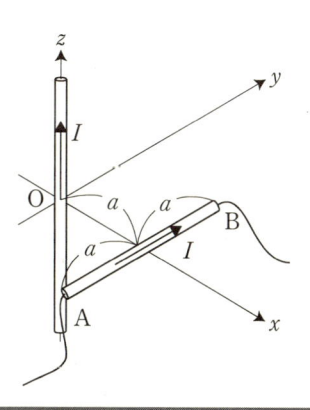

ヒント! 考え方は，2本の平行電流に働く磁場の力と同じであるが，導線が平行ではなく直角にあるため，計算がやや面倒。対称性より，磁場の力は導線 AB を回転させるように働く。

解答&解説 導線 AB 上の点 P(座標 y) にある長さ dy の電流に働く力を考えよう。導線 AB の中点 ($y=0$) を M とし，角 POM $=\theta$ とする。

図5-15 ● 点 P の磁場 $H(\theta)$ を考える。

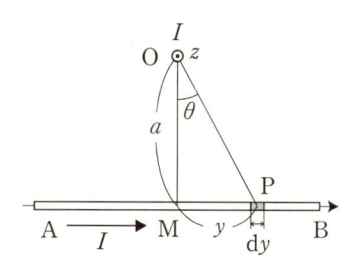

いま，
$$y = a \tan \theta$$
とおけば，
$$dy = \frac{a}{\cos^2 \theta} d\theta$$
また，
$$OP = \sqrt{y^2 + a^2} = \frac{a}{\cos \theta}$$
であるから，直線電流 I が点 P につくる磁場の大きさ $H(\theta)$ は，
$$H(\theta) = \frac{I}{2\pi \dfrac{a}{\cos \theta}} = \frac{I \cos \theta}{2\pi a}$$
である。

図5-16● $I dy$ に働く磁場の力は $+z$ 方向

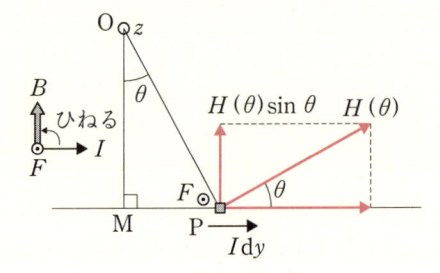

電流 $I dy$ に働く力に寄与するのは，$H(\theta)$ の電流に垂直な成分だけであり，その大きさは，
$$H(\theta) \sin \theta$$
であるから，けっきょく，電流 $I dy$ が磁場から受ける力の大きさ $dF(\theta)$ は，
$$dF(\theta) = I \times \mu_0 H(\theta) \sin \theta \, dy$$
$$= \frac{\mu_0 I^2}{2\pi a} \cos \theta \sin \theta \frac{a}{\cos^2 \theta} d\theta$$
$$= \frac{\mu_0 I^2}{2\pi} \tan \theta \, d\theta$$

導線の AM 部分に働く磁場の力は，対称性より BM 部分に働く力の逆になるから，導線 AB に働く力の合計は 0 で，導線は M を中心に回転する。すなわち，偶力のモーメントが発生する。

図5-17 ● 磁場の力は偶力となる。

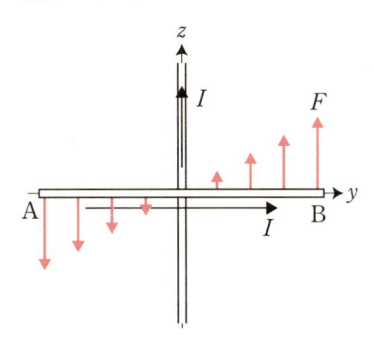

点 P の微小電流 $I\mathrm{d}y$ が受ける力のモーメント $\mathrm{d}M(\theta)$ は，
$$\mathrm{d}M(\theta) = y \times \mathrm{d}F(\theta) = a\tan\theta\, \mathrm{d}F(\theta)$$
$$= \frac{\mu_0 a I^2}{2\pi}\tan^2\theta\, \mathrm{d}\theta$$

よって，導線 AB 全体に働く偶力のモーメントの大きさ M は，
$$M = 2\cdot\int_0^{\frac{\pi}{4}}\mathrm{d}M(\theta)$$
$$= 2\cdot\frac{\mu_0 a I^2}{2\pi}\int_0^{\frac{\pi}{4}}\tan^2\theta\, \mathrm{d}\theta$$

$\tan^2\theta$ の不定積分は，$\tan\theta - \theta$ であるから $\left(\dfrac{\sin^2\theta}{\cos^2\theta} = \dfrac{1}{\cos^2\theta} - 1\right.$ より求まる $\left.\right)$，

$$= \frac{\mu_0 a I^2}{\pi}\Big[\tan\theta - \theta\Big]_0^{\frac{\pi}{4}}$$
$$= \frac{\mu_0 a I^2}{\pi}\left(1 - \frac{\pi}{4}\right) \quad \cdots\cdots(答)$$

実習問題 5-2 ★★★ z 軸の負方向に大きさ E の一様な電場が，また z 軸の正方向に磁束密度の大きさ B の一様な磁場がかかっている。原点 O に 1 個の電子(質量 m，電荷 $-e$)を置き，x 軸方向に速さ v の初速度を与えた。時刻 t における電子の位置を求めよ。

図5-18

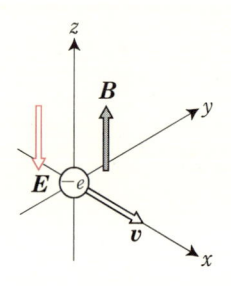

ヒント! 典型的なローレンツ力の問題。電場と磁場が平行なので，それぞれの力は独立に働き，面倒なことにはならない。高校物理の知識で解ける。

解答&解説 まず，z 方向の運動を考える。この方向には磁場の力はかからないので，電子は一定の電場 E の力だけで等加速度運動をする。

図5-19● z 方向には等加速度運動

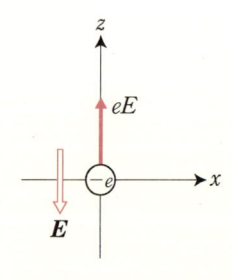

電子の加速度を a とすると，z 方向の運動方程式は，
$$ma = (-e)(-E)$$
$$\therefore \quad a = \frac{eE}{m}$$

等加速度運動の公式より，時刻 t における電子の z 座標は，

$$z = \frac{1}{2}at^2$$

$$= \boxed{\text{(a)}}$$

x-y 平面上では，電子は一様な磁場によって等速円運動をする。

図5-20 ● x-y 平面では等速円運動

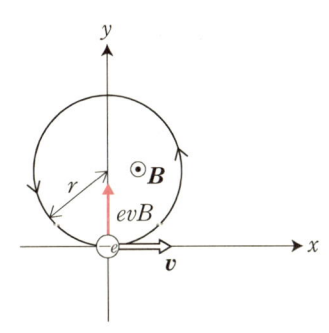

円運動の半径を r とすれば，その運動方程式は，

$$m\frac{v^2}{r} = evB$$

$$\therefore \quad r = \frac{mv}{eB}$$

初期条件より，円運動の中心の座標は $(0, r, 0)$ であるから，その x-y 面上での軌跡は上図のようになる。円運動の角速度を ω とすれば，

図5-21

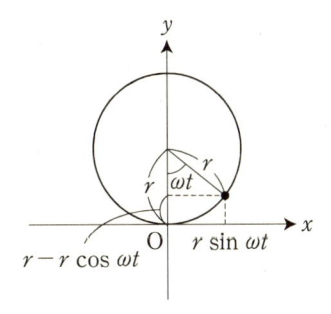

(a) $\dfrac{eE}{2m}t^2$

$$\omega = \frac{v}{r} = \frac{eB}{m}$$

よって，時刻 t における電子の x 座標，y 座標はそれぞれ，

$$x = r \sin \omega t = \boxed{\text{(b)}}$$

$$y = r(1 - \cos \omega t) = \boxed{\text{(c)}}$$

以上をまとめて，

$$\left. \begin{array}{l} x = \dfrac{mv}{eB} \sin \dfrac{eB}{m} t \\[2mm] y = \dfrac{mv}{eB} \left(1 - \cos \dfrac{eB}{m} t\right) \\[2mm] z = \dfrac{eE}{2m} t^2 \end{array} \right\} \quad \cdots\cdots \text{(答)}$$

(b) $\dfrac{mv}{eB} \sin \dfrac{eB}{m} t$ (c) $\dfrac{mv}{eB} \left(1 - \cos \dfrac{eB}{m} t\right)$

> **演習問題 5-4** ★★★★☆
>
> 無限に長いソレノイド・コイルがある。その半径は a，単位長さあたりの巻き数は n である。このソレノイド・コイルに大きさ I の定常電流を流すと，コイルを縮めようとする方向に磁場の力が働く。この力の大きさを求めよ。

図5-22

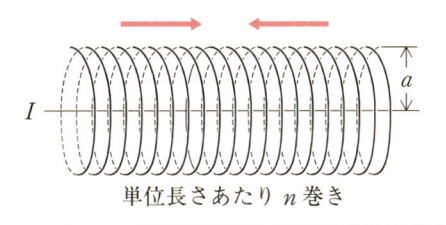

単位長さあたり n 巻き

> **ヒント！** コイルを仮想的に2つに分割し，互いに及ぼし合う磁場の力を計算すればよい。このとき，磁場におけるガウスの法則 div $\boldsymbol{H}$ $=0$ をうまく用いると計算は容易になる。

解答&解説 まず，なぜコイルは縮まろうとするのかを考えてみる。

図5-23 ● 拡がる磁力線の成分 H_r がコイルを縮めようとする。

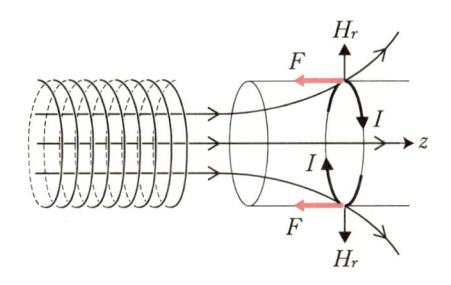

コイルを2つに分割した一方のコイルを考えると，その断面から出る磁力線は，図のように次第に拡がっていく。円筒座標 (r, θ, z) を用いれば，コイルの内部では磁場 $\boldsymbol{H}$ は z 成分 H_z だけをもつが，外部では r 成分 H_r が生じる（対称性により，$H_\theta = 0$）。この H_z は，もう一方のコイルを流れる電流 I に力を及ぼす。その向きは右ねじの規則より，片方のコイルに引かれる方向になる。

いま，座標 z と $z+dz$ の間の ndz 巻きの円形コイルを考えると，コイルの円周に沿った電流素片 Ids に働く磁場の力 df は，

$$df = ndz \times \mu_0 Ids \times H_r(z)$$

で，その向きはすべて分割したもう一方のコイルの方向だから，それらの合計の力の大きさ $F(z)$ は，

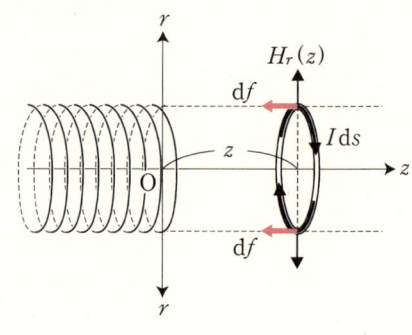

図5-24

$$F(z)dz = 2\pi a n dz \times \mu_0 I \times H_r(z)$$

ここで，z における磁場の r 成分 $H_r(z)$ を求めることはむずかしいが，必要なのは，

$$F = \int_0^\infty F(z)dz$$

であるから，

$$F = \mu_0 nI \int_0^\infty 2\pi a H_r(z)dz$$

積分の中は，磁場 H を磁力線の密度とみなせば（あるいは $\mu_0 H$ を磁束密度とみなせば），半無限に長いソレノイド・コイルの側面から出ていく磁力線の本数にほかならない。無限の彼方まで見れば，コイルの切断面から入った磁力線は，すべてコイルの側面から出ていくであろう。div $\boldsymbol{H}=0$ は明らかだから，コイルの側面から出ていく磁力線の全本数は，仮想的な切断面からコイルに入る磁力線の全本数に等しい。

図5-25● 切断面 S から入った磁力線は $z \to \infty$ において，すべてコイルの側面から出ていく。

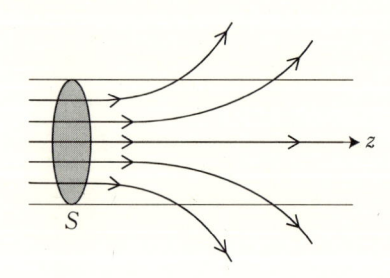

ところで，コイルの断面の磁場 H_0' は，面に垂直で，
$$H_0' = nI$$
である。これは，$z = -\infty$ から $+\infty$ までのソレノイド・コイルがつくる磁場だから，それを 2 つに分割すれば，片方のコイルがその断面につくる磁場 H_0 は，
$$H_0 = \frac{1}{2} H_0' = \frac{1}{2} nI$$
である。よって，切断面からコイルに入る磁力線の本数は，
$$\pi a^2 H_0 = \frac{1}{2} \pi a^2 nI$$
ゆえに，
$$F = \mu_0 nI \times \frac{1}{2} \pi a^2 nI$$
$$= \frac{1}{2} \pi \mu_0 a^2 n^2 I^2 \quad \cdots\cdots \text{(答)}$$

ひとこと 電流の流れているソレノイド・コイルは，棒磁石と同じ働きをする。すなわち，本題の現象は，棒磁石の N 極と S 極が引き合う現象とまったく同様である。

一般に，平行な磁力線の束は，その方向に縮まろうとする性質がある。これは電気力線の場合も同じで，**マクスウェルの応力**（圧力の一種）と呼ばれる。

電気力線で考えれば，2 枚の平板コンデンサーの極板同士が引っ張り合っていることで，このことは容易にイメージできるであろう。この応力の大きさ T は簡単に計算できて，
$$T_E = \frac{1}{2} \varepsilon_0 E^2$$
$$T_M = \frac{1}{2} \mu_0 H^2$$
である。このことを使えば，本問の答えはすぐに出せる。

また，この応力は，電場や磁場のある空間がもつエネルギー密度にほかならない（演習問題 2-5）。

> **演習問題 5-5** ★★★★★
>
> div A ($=\nabla \cdot A$) の球座標 (r, θ, φ) 表示を求めよ。

ヒント！ 物理学で用いる数式には，必ず物理的イメージがある。div A は，ベクトル A を微小体積から出ていく物理量の面積密度として，それを全表面で足し合わせたものである。球座標の微小体積にこの考え方を適用すればよいが，デカルト座標の微小体積 dxdydz と違い，球座標では「ちょっと歪んだ」微小体積 d$r \times r$d$\theta \times r \sin\theta$ dφ を考えなければならないところがポイント。

解答＆解説

図5-26● 球座標の微小体積

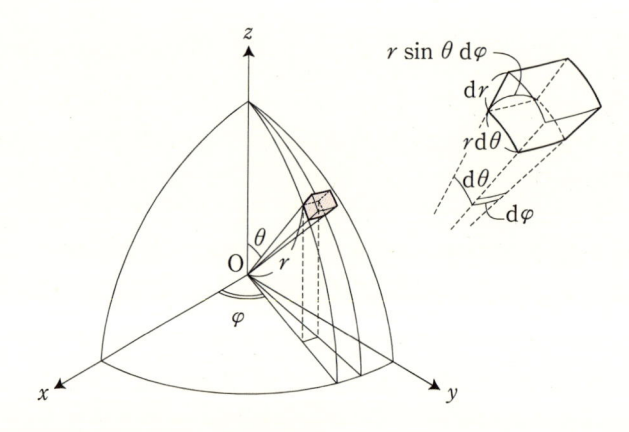

球座標の微小体積 dV は演習問題 2-5 より上図の通りである。そこで，r 方向の「発散」は面積密度 $A_r \times$ 微小面積 d$S_r(r)$ ($=r$d$\theta \times r \sin\theta$ dφ) の変化（d$S_r(r+dr)$ 面からは出るので正，d$S_r(r)$ 面からは入るので負）で表される。

図5-27 ● 微小体積から出ていく量は正，入ってくる量は負

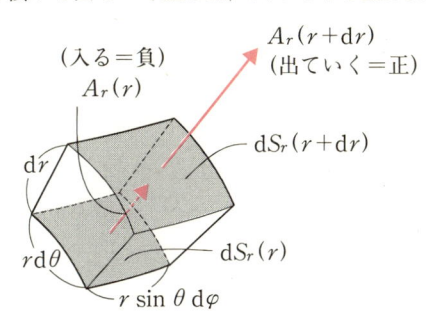

すなわち，偏微分の手法を使って（『物理数学ノート』72ページ参照），

$$A_r(r+dr)dS_r(r+dr) - A_r(r)dS_r(r) = d(A_r dS_r)$$
$$= \frac{\partial(A_r dS_r)}{\partial r} \cdot dr$$
$$= \frac{\partial(A_r r^2 \sin\theta \, d\theta d\varphi)}{\partial r} \cdot dr$$
$$= \frac{\partial(A_r r^2)}{\partial r} \cdot \sin\theta \, dr d\theta d\varphi$$

図5-28 ● θ 方向の発散

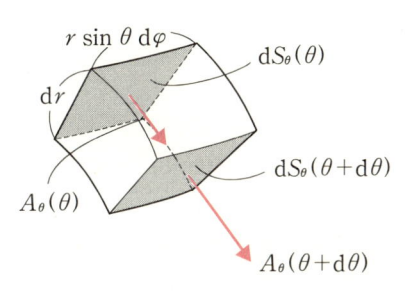

同様にして，θ 方向，φ 方向の発散は，それぞれ，

$$\theta \text{方向}: \frac{\partial(A_\theta dS_\theta)}{\partial \theta} \cdot d\theta = \frac{\partial(A_\theta r \sin\theta \, dr d\varphi)}{\partial \theta} \cdot d\theta$$
$$= \frac{r\partial(A_\theta \sin\theta)}{\partial \theta} \cdot d\theta dr d\varphi$$

講義05 ● ローレンツ力

図5-29 ● φ 方向の発散

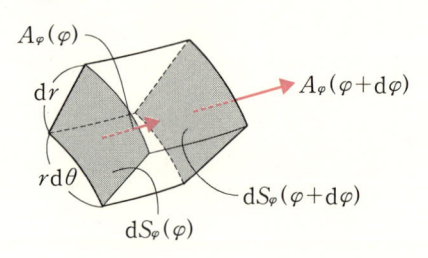

$$\varphi \text{ 方向}: \frac{\partial(A_\varphi dS_\varphi)}{\partial \varphi} \cdot d\varphi = \frac{\partial(A_\varphi r dr d\theta)}{\partial \varphi} \cdot d\varphi$$

$$= \frac{r \partial A_\varphi}{\partial \varphi} \cdot d\varphi dr d\theta$$

以上を足し合わせたものが，微小体積 dV からの $\boldsymbol{A}$ の発散の合計 div $\boldsymbol{A}\cdot dV$ だから，

$$\text{div } \boldsymbol{A} \cdot dV = \frac{\partial(A_r r^2)}{\partial r} \cdot \sin\theta\, dr d\theta d\varphi + \frac{r\partial(A_\theta \sin\theta)}{\partial \theta} \cdot dr d\theta d\varphi$$

$$+ \frac{r\partial A_\varphi}{\partial \varphi} \cdot dr d\theta d\varphi$$

よって，両辺を $dV = r^2 \sin\theta dr d\theta d\varphi$ で割れば，

$$\text{div } \boldsymbol{A} = \frac{1}{r^2}\frac{\partial(A_r r^2)}{\partial r} + \frac{1}{r\sin\theta}\frac{\partial(A_\theta \sin\theta)}{\partial \theta} + \frac{1}{r\sin\theta}\frac{\partial A_\varphi}{\partial \varphi} \quad \cdots\cdots(\text{答})$$

ひとこと デカルト座標における，div $\boldsymbol{A} = \frac{\partial A_x}{\partial x} + \frac{\partial A_y}{\partial y} + \frac{\partial A_z}{\partial z}$ と比べると，この結果は非常に複雑に見えるが，そうなった理由は，球座標における微小体積が，単純な $dr d\theta d\varphi$ ではなく，ちょっと「歪んでいる」ことに尽きる。そこのところさえ押さえておけば，球座標もまた直交座標系であることに変わりはなく，慣れればさほどのこともないのである。

> **実習問題 5-3** ★★★★★
> rot $\bm{A}$ $(=\nabla\times\bm{A})$ の球座標表示(r, θ, φ それぞれの成分)を求めよ。

ヒント！ 考え方は前問とまったく同じ。rot は「回転」だから，微小面積 dS の縁に沿ったベクトル成分の合計を求めればよい。念のため，デカルト座標成分は次の通りである。

$$x \text{ 成分}: \frac{\partial A_z}{\partial y} - \frac{\partial A_y}{\partial z}$$

$$y \text{ 成分}: \frac{\partial A_x}{\partial z} - \frac{\partial A_z}{\partial x}$$

$$z \text{ 成分}: \frac{\partial A_y}{\partial x} - \frac{\partial A_x}{\partial y}$$

解答＆解説 まず rot $\bm{A}$ の r 成分について考える。

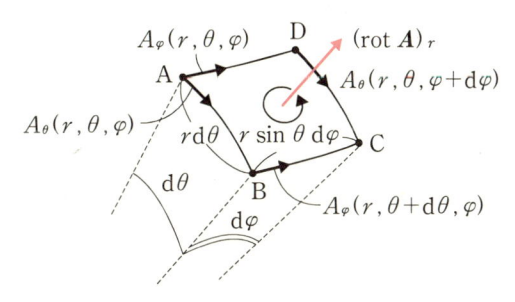

図5-30 ● r 成分は θ-φ 面での回転

r 方向に垂直な微小長方形 $\mathrm{A}(r, \theta, \varphi) \mathrm{B}(r, \theta+d\theta, \varphi) \mathrm{C}(r, \theta+d\theta, \varphi+d\varphi) \mathrm{D}(r, \theta, \varphi+d\varphi)$ において，それぞれの辺の長さは，

$$\mathrm{AB} = \mathrm{DC} = r d\theta$$
$$\mathrm{AD} = \mathrm{BC} = r \sin\theta \, d\varphi$$

rot $\bm{A}$ の r 成分を図のように正方向にとれば，回転方向は A → B → C → D となるから，$\bm{A}$ の θ 成分，φ 成分のうち，C → D と D → A の辺に沿った成分は負とカウントしなければならない。

そこで，θ 成分についていえば，

$$A_\theta(r,\theta,\varphi)\times \mathrm{AB} - A_\theta(r,\theta,\varphi+\mathrm{d}\varphi)\times \mathrm{CD}$$
$$= A_\theta(r,\theta,\varphi)r\mathrm{d}\theta - A_\theta(r,\theta,\varphi+\mathrm{d}\varphi)r\mathrm{d}\theta$$
$$= -\frac{\partial(A_\theta r)}{\partial \varphi}\cdot \mathrm{d}\varphi\mathrm{d}\theta$$

φ 成分は,

$$A_\varphi(r,\theta+\mathrm{d}\theta,\varphi)\times r\sin\theta\,\mathrm{d}\varphi - A_\varphi(r,\theta,\varphi)\times r\sin\theta\,\mathrm{d}\varphi$$
$$= \frac{\partial(A_\varphi r\sin\theta)}{\partial \theta}\cdot \mathrm{d}\theta\mathrm{d}\varphi$$

よって,

$$(\mathrm{rot}\,\boldsymbol{A})_r\cdot \mathrm{d}S_r = \frac{\partial(A_\varphi r\sin\theta)}{\partial \theta}\cdot \mathrm{d}\theta\mathrm{d}\varphi - \frac{\partial(A_\theta r)}{\partial \varphi}\cdot \mathrm{d}\varphi\mathrm{d}\theta$$

$\mathrm{d}S_r = r\mathrm{d}\theta \times r\sin\theta\,\mathrm{d}\varphi = r^2\sin\theta\mathrm{d}\theta\mathrm{d}\varphi$ だから,

$$(\mathrm{rot}\,\boldsymbol{A})_r = \boxed{\text{(a)}} \qquad \cdots\cdots\text{(答)}$$

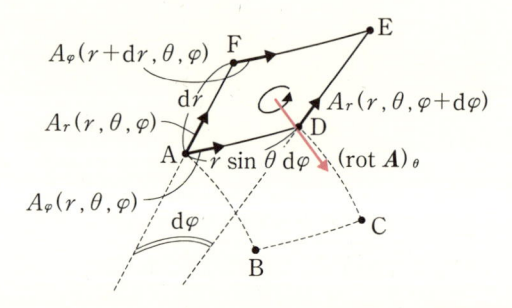

図5-31 ● θ 成分は r-φ 面での回転

同じようにして, $\mathrm{rot}\,\boldsymbol{A}$ の θ 成分については, 上図のような微小面積の辺 A→D→E→F を考えればよいから,

$$(\mathrm{rot}\,\boldsymbol{A})_\theta\cdot \mathrm{d}S_\theta = \frac{\partial(A_r\times \mathrm{d}r)}{\partial \varphi}\cdot \mathrm{d}\varphi - \frac{\partial(A_\varphi \times r\sin\theta\mathrm{d}\varphi)}{\partial r}\cdot \mathrm{d}r$$

$\mathrm{d}S_\theta = \mathrm{d}r\times r\sin\theta\,\mathrm{d}\varphi = r\sin\theta\,\mathrm{d}r\cdot \mathrm{d}\varphi$ だから,

$$(\mathrm{rot}\,\boldsymbol{A})_\theta = \boxed{\text{(b)}} \qquad \cdots\cdots\text{(答)}$$

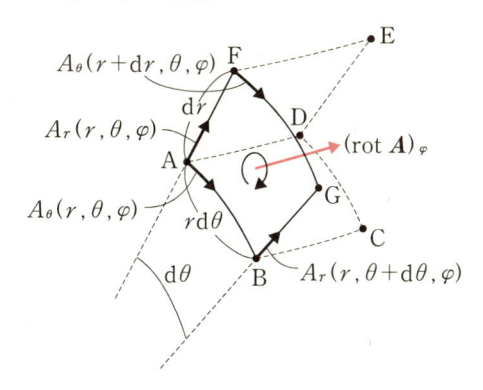

図5.32 ● φ 成分は r-θ 面での回転

同じようにして，rot $\boldsymbol{A}$ の φ 成分については，上図のような微小面積の辺 A → F → G → B を考えればよいから（この場合，図から分かるように，右回りが正方向），

$$(\text{rot }\boldsymbol{A})_\varphi \cdot dS_\varphi = \frac{\partial (A_\theta \times rd\theta)}{\partial r} \cdot dr - \frac{\partial (A_r \times dr)}{\partial \theta} \cdot d\theta$$

$dS_\varphi = dr \times rd\theta = rdrd\theta$ だから，

$$(\text{rot }\boldsymbol{A})_\varphi = \boxed{\text{(c)}} \quad \cdots\cdots\text{(答)}$$

(a) $\dfrac{1}{r\sin\theta}\left\{\dfrac{\partial (A_\varphi \sin\theta)}{\partial \theta} - \dfrac{\partial A_\theta}{\partial \varphi}\right\}$ 　　(b) $\dfrac{1}{r\sin\theta}\dfrac{\partial A_r}{\partial \varphi} - \dfrac{1}{r}\dfrac{\partial (A_\varphi r)}{\partial r}$

(c) $\dfrac{1}{r}\left\{\dfrac{\partial (A_\theta r)}{\partial r} - \dfrac{\partial A_r}{\partial \theta}\right\}$

講義 LECTURE 06 変化する電磁場
―変位電流と電磁誘導―

◆静電場・静磁場のまとめ

第5講までで扱ったことがらは，時間的に変化しない電場・磁場であった。それらを簡潔にまとめれば，

① $\text{div}\,\boldsymbol{E} = \dfrac{\rho}{\varepsilon_0}$　…電荷からは電場が発散している。
② $\text{rot}\,\boldsymbol{E} = 0$　…回転する静電場はない。
③ $\text{div}\,\boldsymbol{H} = 0$　…磁場を発散させるようなもの(磁荷)は存在しない。
④ $\text{rot}\,\boldsymbol{H} = \boldsymbol{i}$　…磁場をつくるのは電流である。

本講では，時間的に変化する電場，磁場を考える。このとき，上の①，③はそのまま成立するが，②と④については修正が必要である。

◆変位電流

任意のベクトル $\boldsymbol{A}$ において，恒等的に $\text{div}(\text{rot}\,\boldsymbol{A}) = 0$ である(実習問題4-4)。これを④に適用すると，

$$\text{div}(\text{rot}\,\boldsymbol{H}) = \text{div}\,\boldsymbol{i} = 0$$

しかし，電荷の保存則 $\text{div}\,\boldsymbol{i} + \dfrac{\partial \rho}{\partial t} = 0$ が成立したから(第4講)，もし，$\dfrac{\partial \rho}{\partial t} \neq 0$ なら(つまり電場が時間変化すれば)，④は修正されねばならない。すなわち，

$$\text{rot}\,\boldsymbol{H} = \boldsymbol{i} + \dfrac{\partial \boldsymbol{D}}{\partial t}$$

$\dfrac{\partial \boldsymbol{D}}{\partial t}$ は，時間変化する電場(電束密度)を表すが，これを**変位電流**と呼

ぶ。変位電流は，電流密度とまったく同等（もちろん次元も同じ）で，その周囲に回転する磁場を生み出す。

図6-1● 変化する電場は磁場をつくる。

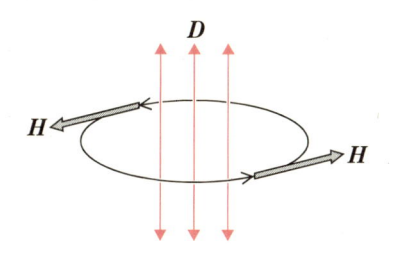

◆電磁誘導（ローレンツ力による解釈）

　磁場のある空間を導体が横切ると，導体内の自由電荷はローレンツ力によって移動し，その結果，導体内部に電場が生じる。静電場の場合は，導体内の自由電荷の移動が外部電場を打ち消し，その結果，導体内の電場は 0 となるが，ローレンツ力が原因の場合は外部電場がないから，導体内に電場が生じることになるのである。

図6-2● 磁束を「刈り取る」導線は電池（起電力）になる。

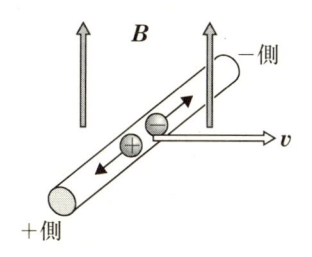

　磁場を横切る導線に生じる誘導起電力の大きさ V は，導線が単位時間に「刈り取る」磁束の本数に等しい。これはファラデーの法則であるが，ローレンツ力により生じる電場の大きさからも，求めることができる（演習問題 6-1）。

$$V = Blv$$

磁場 B と速度 v のなす角が θ のときは，$V = Blv\sin\theta$ である。す

なわち，vとBのベクトル積となる。それは，ローレンツ力の効果が磁場と垂直な成分にだけ効くことから明らかである。

　磁場を横切る導線に導線を接続し，閉回路をつくれば，誘導起電力に応じた誘導電流が流れる。

◆電磁誘導（ファラデー-レンツの法則）

　前項のように，磁場の中で導線を動かす代わりに，閉回路を貫く磁束を時間変化させると，閉回路に誘導起電力が生じ，誘導電流が流れる。この現象は，導線が動かないから，ローレンツ力で説明することはできない。一方，ローレンツ力による誘導起電力は，このファラデーの法則に包含される。

　磁場の変化に対して，誘導電流は，磁場の変化を元に戻そうとする方向に流れる。自然は変化を嫌うのである。これを**レンツの法則**という。

$$V = -\frac{\partial \Phi}{\partial t}$$

図6-3● 変化する磁場は回転する電場をつくる。

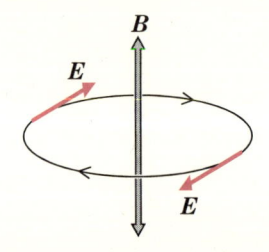

　閉回路に生じる誘導起電力は，それを微小にすれば，電場の回転になるから，上式の微分形は，

$$\text{rot}\,E = -\frac{\partial B}{\partial t}$$

となる。

　こうして，時間変化する電場と磁場の法則が導かれた。すなわち，電場の時間変化は回転する磁場を生み（変位電流），磁場の時間変化は回

転する電場を生む（電磁誘導）のである。

◆自己誘導

たとえば，ソレノイド・コイルに流れる電流が時間変化する場合を考える。このとき，コイルを貫く磁場は，電流の変化に応じて変化するから，コイルには誘導起電力が生じる。

図6-4● 電流 I が変化すると，それに「抵抗」する起電力が生じる。

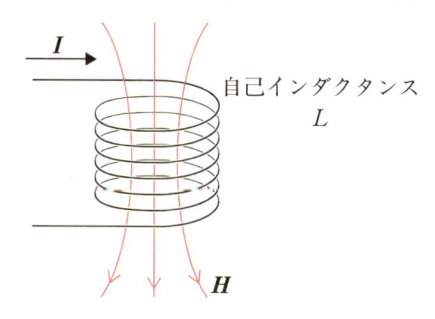

これは，コイルに流れる電流の変化を元に戻そうとする方向に働く。すなわち，一種の「抵抗力」である。誘導起電力の大きさ V は，電流の変化 $\dfrac{dI}{dt}$ に比例するだろうから，

$$V = -L \frac{dI}{dt}$$

比例定数 L を，このコイルの**自己インダクタンス**と呼ぶ。

次ページの図のように，コイルを2つ並べ，一方のコイル1に変化する電流を流せば，それによって生じる磁場の変化が他方のコイル2にも誘導起電力を生じさせる。

このときコイル2に生じる誘導起電力 V は，コイル1を流れる電流の変化 $\dfrac{dI}{dt}$ に比例するだろうから，

$$V = -M \frac{dI}{dt}$$

比例定数 M を，コイル2のコイル1に対する**相互インダクタンス**と呼ぶ。

図6-5 相互誘導

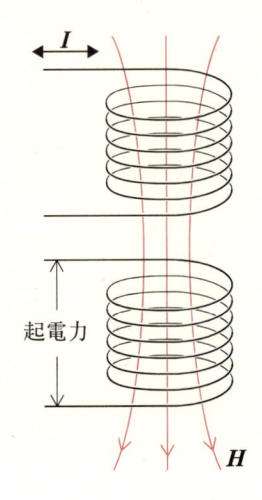

◆磁気エネルギー

コンデンサーが静電エネルギー $\frac{1}{2}CV^2$ をもつのと同様に，コイルに電流が流れるとき，そこには磁場のエネルギーが発生する。その大きさは，コイルの自己インダクタンス L を用いて，

$$U = \frac{1}{2}LI^2$$

となる。

一般に，磁場のある空間には，磁場のエネルギー密度 u が存在する。

$$u = \frac{1}{2}\mu_0 H^2 = \frac{1}{2}\boldsymbol{H} \cdot \boldsymbol{B}$$

◆電気振動

コンデンサーとコイルを閉回路に組み込むと，コンデンサーの電気容量，コイルの自己インダクタンス，およびその回路を流れる交流電流の角周波数 ω の値に応じて共鳴が起こり，電気振動が生じる。

図6-6 ● LC 振動回路

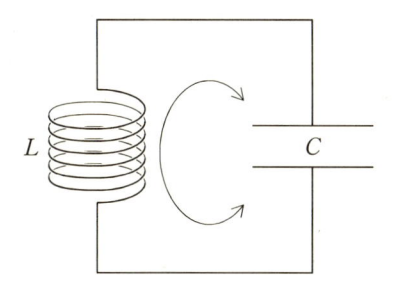

もし，抵抗などによるエネルギー損失（ジュール熱の発生）がなければ，エネルギー保存則が成立する。

$$\frac{1}{2}CV(t)^2 + \frac{1}{2}LI(t)^2 = 一定$$

振動の周期 T は，

$$T = \frac{2\pi}{\omega} = 2\pi\sqrt{LC} \quad （演習問題 6\text{-}5）$$

この電気振動は，力学におけるばねの単振動と数学的には同一の現象である。

◆演習問題・実習問題

真空の誘電率 ε_0，真空の透磁率 μ_0 は与えられているものとする。とくに断りのないかぎり，空間は真空であるとする。

演習問題 6-1 ★☆☆☆☆
磁束密度 B の一様な磁場の中を，長さ l の導体棒を磁場に垂直に速度 v で動かす。このとき，導体棒の両端に生じる電位差を，ローレンツ力の考え方から導け。

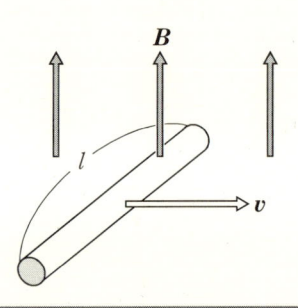

図6-7

解答&解説 導体棒の内部には，無数の自由電子が存在する。その電荷を $-e$ とすると，自由電子は導体棒の動きに伴って，磁場の中を速さ v で動くことになる。したがって，磁場の力，

$$F_M = -evB$$

を受け，図のPの方向へ移動する。

図6-8● 電子はローレンツ力によってP側へ移動する。

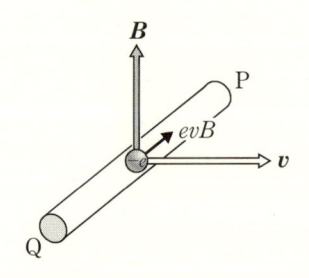

その結果，導体棒のQの側は電子が不足して正に帯電し，Pの側は

電子が過剰となり負に帯電する。この電荷の偏りによって，導体棒の内部にはQからPの方向へ電場 E が生じる。電場 E が自由電子に与える力の大きさ F_E は，

$$F_E = -eE$$

であり，向きはQ方向，すなわち磁場による力の向きと逆である。

図6-9● 電場の力と磁場の力のつりあいから起電力が決まる。

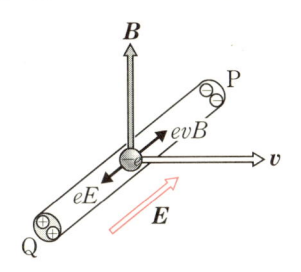

導体棒を磁場の中で動かし続けると，P側に移動する電子は増加し，その結果，導体棒内に生じる電場 E は次第に大きくなる。一方，磁場の力の大きさ F_M は v と B が一定であるかぎり一定であるから，やがて電場の力の大きさ F_E と磁場の力の大きさ F_M は等しくなり，その時点で自由電子の移動は止まるであろう。このときの電場の大きさは，

$$evB = eE$$

より，

$$E = vB$$

である。電場 E は導体棒内のどこでも同じであるとすれば（電気力線が導体棒の外部にもれないとすれば，そういえる），PQ間の電位差 V は，

$$V = El$$
$$= vBl \quad \cdots\cdots(答)$$

となる。

ひとこと この結果は，あくまでローレンツ力のつりあいから求めたものだが，B が磁束密度，vl は導体棒が単位時間に「掃く」面積であるから，導体棒が単位時間に「刈り取る」磁束の本数に一致している。すなわち，これはファラデーの電磁誘導の法則をみたしている。

実習問題 6-1 ★☆☆☆

磁束密度の大きさ B の一様な磁場がある空間で，長さ l の導体棒を磁場と θ の角度をなして置き，導体棒の一端を固定して，磁場と θ の角を保ったまま角速度の大きさ ω で回転させた。このとき，この導体棒に生じる誘導起電力の大きさを求めよ。

図6-10

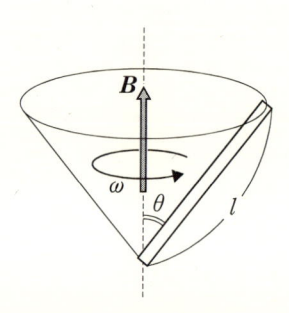

ヒント!　演習問題 6-1 と同様に，ローレンツ力の考え方でも解くことができるが，導体棒内部の自由電子の速さは場所によって異なるから，この場合は導体棒が毎秒「刈り取る」磁束の本数を調べる方が簡単である。

解答 & 解説

図6-11

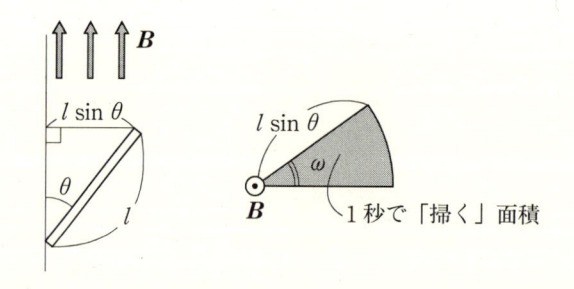

導体棒は磁場と θ の角をなしているので，実効的に「刈り取られる」磁場の半径は $l\sin\theta$ である。また，導体棒が単位時間に回転する角度

は ω であるから，単位時間に「掃く」実効的な扇形の面積 S は，
$$S = \frac{1}{2}\omega(l\sin\theta)^2$$

よって，導体棒が単位時間に「刈り取る」磁束の本数（＝誘導起電力の大きさ V）は，
$$V = \frac{\Delta\Phi}{\Delta t} = SB$$
$$= \boxed{\text{(a)}} \quad \cdots\cdots (答)$$

(a) $\dfrac{1}{2}B\omega(l\sin\theta)^2$

演習問題 6-2 ★★☆☆

図のように，2本の平行導体棒 AB と A'B' が，間隔 l で水平と θ の角をなして置かれ，点 A と点 A' の間には抵抗値 R をもつ導線が接続されている。

図6-12

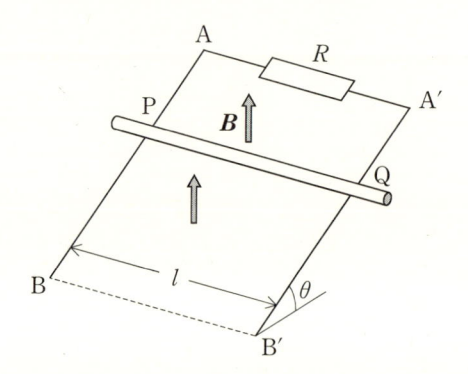

また，この空間には鉛直上向きに磁束密度の大きさ B の一様な磁場がかかっている。いま，平行導体棒の上に直角に質量 m の導体棒 PQ を置くと，導体棒は平行導体棒と直角を保ったまま斜面を滑り降りはじめた。平行導体棒による斜面が十分長いとすると，導体棒 PQ は最終的に等速運動をするようになる。このときの導体棒 PQ の速さを求めよ。ただし，重力加速度の大きさを g とし，導体棒 PQ と平行導体棒の間に摩擦はないものとする。

ヒント! 高校物理の範囲内であるが，導体棒が最終的に等速運動をするようになるメカニズムはきちんと押さえておこう。このとき磁場の力は，速度に比例する抵抗力として働くが，このような抵抗力は物体の運動を等速運動に導く。

解答&解説 導体棒 PQ が斜面を速さ v で滑り降りるとき生じる誘導起電力 V は，

$$V = Blv \cos \theta$$

である。

図6-13● 誘導起電力は $Blv\cos\theta$

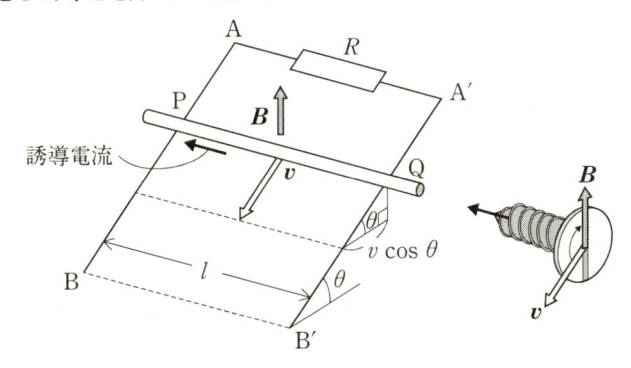

このとき，導体棒に流れる誘導電流 I は，オームの法則より，

$$I = \frac{V}{R}$$
$$= \frac{Blv\cos\theta}{R}$$

であり，その向きはQ→Pである（なぜなら，導体棒内の正の自由電荷は，磁場の力によって，v から B にねじをひねる方向，すなわちQ→Pに動く）。

この誘導電流に対して，あらためて磁場の力が働く（導体棒の速度 v に対する磁場 B の力は誘導電流を導くが，導体棒全体に働く力としては0である。なぜなら，導体棒に含まれる正電荷と負電荷の量は同じで，それぞれが逆向きに同じ大きさの力を受けるからである。それに対して，誘導電流 I に働く磁場 B の力は，I から B へねじをひねる方向，すなわち導体棒が動く方向とは逆向きに水平な方向である。この力は，導体棒全体に働く。すなわち，導体棒が斜面を重力による加速度で降りるのに対して，抵抗力として働く）。

図6-14● 誘導電流に働く磁場の力

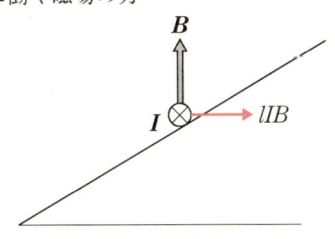

この磁場の力の大きさ F は，電流 I と磁場 B が直角だから，
$$F = lIB$$
$$= l \times \frac{Blv \cos \theta}{R} \times B$$
$$= \frac{B^2 l^2 v \cos \theta}{R}$$

もし，この磁場の力 F がなければ，導体棒は重力によって等加速度運動をし，次第に速くなる。磁場の力 F はそのような導体棒の動きに対して抵抗力として働くが，v に比例するため，導体棒が速くなればなるほど F も大きくなる。やがて，斜面に沿って，重力による成分と抵抗力の成分が等しくなる瞬間が来るが，このとき導体棒に働く力の合計が 0 となるから，導体棒は等速で運動することになる。等速であれば，速度に比例する抵抗力は一定であるから，そののち，導体棒はその速度でずっと等速運動を続けることになる。

図6-15 重力と磁場の力がつりあって導体棒は等速運動をする。

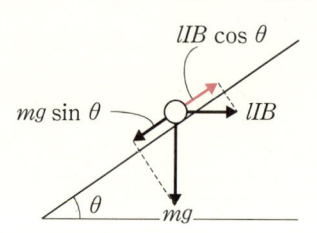

以上より，導体棒が等速運動をするときの速さを v_0 とし，このときの斜面に沿った力のつりあいを書けば，
$$mg \sin \theta = \frac{B^2 l^2 v_0 \cos^2 \theta}{R}$$
$$\therefore \quad v_0 = \frac{mgR \tan \theta}{B^2 l^2 \cos \theta} \quad \cdots\cdots \text{(答)}$$

ひとこと 速度に比例する抵抗力の例としては，空気抵抗や導体中の電子に働く抵抗力などがある。スカイダイビングで比較的長時間空中にいることができるのもそのような抵抗力のおかげであるし，直流回路を流れる電流が定常電流であるのも，速度に比例する抵抗力の結果である。

実習問題 6-2 ★★☆☆☆

図のように，座標軸 x-y 平面上に1辺の長さ a の正方形のコイル ABCD が，辺 AB を y 軸に接するように置かれている。また，$x>0$ の領域には，z 軸正方向を向いた磁場があり，その磁束密度の大きさは x の関数として，$B(x) = kx$ (k は正の定数)で与えられる。

図6-16

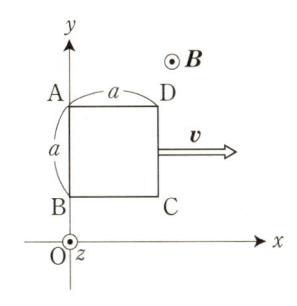

いま，時刻 $t=0$ から正方形コイルを x 軸の正方向へ一定の速さ v で動かすとき，このコイルに生じる誘導起電力の大きさを求めよ。また，その結果生じる誘導電流の向きはどちらか。

ヒント！ コイルが動くから，ローレンツ力によって求めることもできるが，ここでは簡単な積分の練習も兼ねて，ファラデーの法則を用いて解いてみよう。

解答&解説 座標 x において，y 方向に幅 a，x 方向に微小な幅 $\mathrm{d}x$ の長方形を考えると，この長方形を貫く磁束の本数 $\mathrm{d}\varPhi$ は，
$$\mathrm{d}\varPhi = B(x)\,a\,\mathrm{d}x$$
$$= akx\,\mathrm{d}x$$
である。

図6-17● 微小長方形内の磁束 $\mathrm{d}\varPhi = B(x)\,a\,\mathrm{d}x$

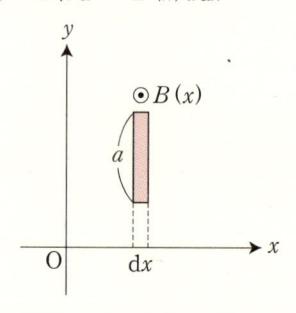

時刻 t において，正方形コイル ABCD の辺 AB は $x=vt$，辺 CD は $x=vt+a$ にあるから，このとき正方形コイルを貫く磁束の本数 $\varPhi(t)$ は，

$$\varPhi(t) = \int_{vt}^{vt+a} akx\,\mathrm{d}x$$

$$= \frac{ak}{2}\left[x^2\right]_{vt}^{vt+a}$$

$$= \frac{ak}{2}(2avt + a^2)$$

図6-18● 時刻 t にコイルを貫く磁束： $\varPhi(t) = \int_{vt}^{vt+a} B(x)\,a\,\mathrm{d}x$

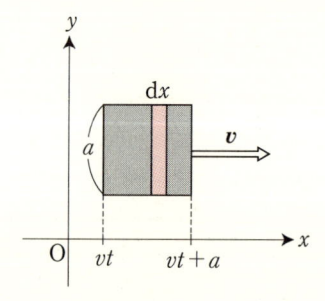

このとき，コイルに生じる誘導起電力の大きさ V は，ファラデーの法則より，

$$V = \frac{\mathrm{d}\varPhi(t)}{\mathrm{d}t} = \boxed{\text{(a)}} \quad \cdots\cdots\text{(答)}$$

誘導電流の向きは，レンツの法則より，磁束の変化を元に戻そうとする方向である．正方形コイルが x 軸正方向に動いていくとき，コイル

を貫く z 軸正方向の磁束が増えるから，誘導電流は z 軸負方向に磁場をつくろうとする方向に流れる。すなわち，紙面上から見て右回り，

$$A \to D \to C \to B \to A \quad \cdots\cdots(答)$$

である。

ひとこと

図6-19● $E_{CD} > E_{AB}$ なので，右回りの起電力が生じる。

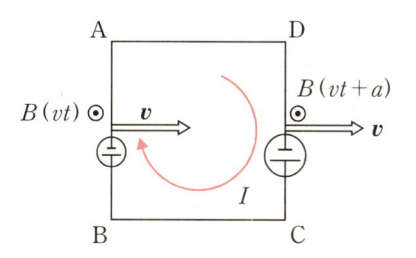

ローレンツ力の考え方では，上図のように，辺 AB に $B(vt)av$ の起電力が下向きに，また辺 CD に $B(vt+a)av$ の起電力が下向きに生じる。ここから，ファラデーの法則と同じ結果を得る。

(a) a^2kv

演習問題 6-3 ★☆☆☆☆ 図のように，半径 a の円形コイル PQ が水平に置かれ，鉛直方向に空間的に一様な磁場がかかっている。磁束密度の大きさ B は，鉛直上向きを正として，一定の角周波数 ω で $B(t) = B_0 \sin \omega t$ で時間変化している。このとき，コイルの点 Q に対する点 P の電位を求めよ。

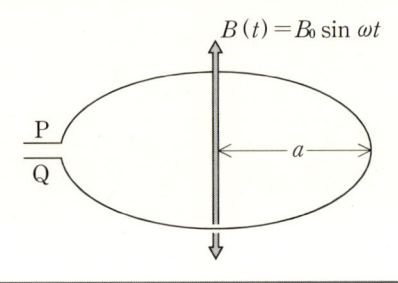

図6-20

ヒント！ 電磁誘導の基本であるが，答えを式で書くときには，誘導起電力の向きの正負を確認しておくこと。この問題の場合，鉛直上向きを磁場の正方向とするので，それに対応して，点 Q から点 P の方向に流れる電流を正とする。つまり，点 Q を基準にすれば，このとき点 P の電位は正である。よって，題意のように点 Q を基準にすると，ファラデーの法則の式と整合性がとれる（要するに，$V = -\dfrac{d\Phi}{dt}$ を，符号をそのままにして使える）。

解答＆解説 時刻 t においてコイルを貫く磁束の本数 $\Phi(t)$ は，

$$\Phi(t) = \pi a^2 B(t)$$
$$= \pi a^2 B_0 \sin \omega t$$

図6-21 ● 磁束 $\Phi(t) = \pi a^2 B(t)$

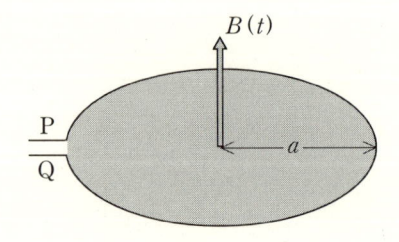

よって，コイルに生じる誘導起電力 $V(t)$ は，向きも考慮して(点Qを基準として)，

$$V(t) = -\frac{d\Phi}{dt}$$
$$= -\pi a^2 \omega B_0 \cos \omega t \quad \cdots\cdots(答)$$

ひとこと 正負の符号が分かりにくいときは，具体的に $t=0$ で生じる誘導起電力の向きを求めてみればよい。$t=0$ で磁場は鉛直上向きに増加する。そこで，誘導電流は鉛直下向きに磁場をつくる方向，すなわち点Pから点Qの向きに流れる。これは，点Qの電位が点Pより高いことを意味する。よって，点Qを基準にすれば，このとき点Pの電位は負である。求めた答えは，たしかに $t=0$ で $-\pi a^2 \omega B_0$ だから，負になっている。

実習問題 6-3 ★★★

z軸を中心軸にした無限に長い半径aの円筒形の空間に、z軸方向に空間的に一様な電場がかかっている。円筒形の外側には電場は存在しない。いま、電場の大きさEが$E(t) = E_0 \sin \omega t$のように時間変化するとき、円筒形の内部および外部に生じる磁場を求めよ。

図6-22

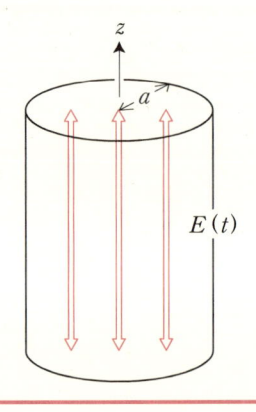

ヒント! 変位電流$\dfrac{\partial \boldsymbol{D}}{\partial t}$は、電流密度$\boldsymbol{i}$と同じものとみなせばよい。すなわち、アンペールの法則がそのまま成立する。この問題の場合、無限に伸びる直線電流がつくる磁場と同じ、z軸を中心にした対称性が使えることもいうまでもない。

解答 & 解説 円筒座標系(r, θ, z)を用いる。

・$r \leqq a$のとき

図6-23● 半径rの円周にアンペールの法則を適用

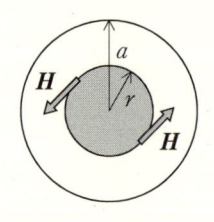

z軸を中心に半径rの円周を考えると、対称性により、磁場はこの円

周の接線方向（θ方向）を向き，その大きさは円周上どこも同じである。この磁場の大きさを $H(r,t)$ とする。

一方，この半径 r の円内を貫く電束の本数は，$\pi r^2 D = \pi r^2 \varepsilon_0 E(t)$ だから，その時間変化は，

$$\pi r^2 \frac{\partial D}{\partial t} = \pi \varepsilon_0 r^2 \frac{\partial E(t)}{\partial t}$$
$$= \pi \varepsilon_0 \omega r^2 E_0 \cos \omega t$$

そこで，この円周にアンペールの法則を適用して，

$$2\pi r H(r,t) = \pi \varepsilon_0 \omega r^2 E_0 \cos \omega t$$

$$\therefore \quad H(r,t) = \boxed{\text{(a)}} \quad \cdots\cdots(答)$$

・$r > a$ のとき

図6-24● $r > a$ の場合も同じ方法で

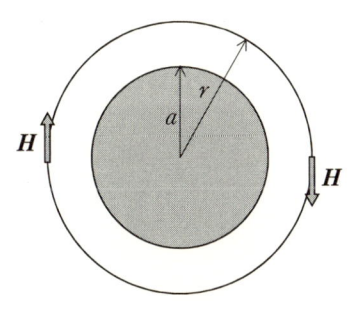

同様に半径 r の円周を考えると，円周を貫く電束は $\pi a^2 D = \pi a^2 \varepsilon_0 E(t)$，また $\dfrac{\partial E}{\partial t} = \omega E_0 \cos \omega t$ だから，アンペールの法則により，

$$2\pi r H(r,t) = \pi \varepsilon_0 \omega a^2 E_0 \cos \omega t$$

$$\therefore \quad H(r,t) = \boxed{\text{(b)}} \quad \cdots\cdots(答)$$

(a) $\dfrac{\varepsilon_0 \omega r E_0 \cos \omega t}{2}$ (b) $\dfrac{\varepsilon_0 \omega a^2 E_0 \cos \omega t}{2r}$

演習問題 6-4 ★★

半径 a，単位長さあたり n 巻き，長さ l のソレノイド・コイルの自己インダクタンスを求めよ。ただし，l は a に比べて十分大きい。

図6-25

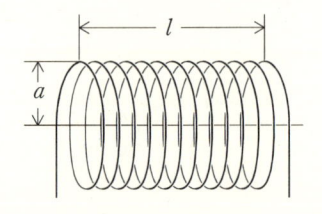

ヒント!

高校物理の範囲内。自己インダクタンスの定義さえ押さえておけば，容易である。

解答&解説

図6-26

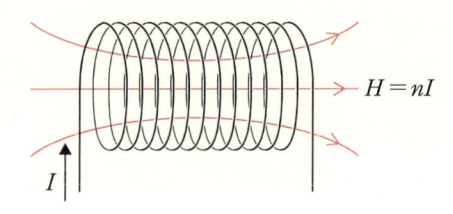

十分に長いソレノイド・コイルの内部の磁場の大きさ H は，
$$H = nI$$
である（第4講）から，コイルを貫く磁束の本数 Φ は，
$$\Phi = \pi a^2 \mu_0 H$$
$$= \pi a^2 \mu_0 n I$$
そこで，コイル1巻きに生じる誘導起電力の大きさ V_1 は，
$$V_1 = \frac{d\Phi}{dt} = \frac{\pi a^2 \mu_0 n \, dI}{dt}$$
である。

図6-27● コイル1巻きに生じる起電力は $\dfrac{\mathrm{d}(\pi a^2 \mu_0 H)}{\mathrm{d}t}$

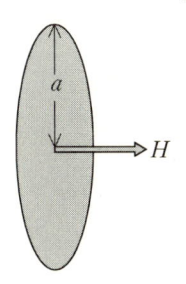

コイル全体の巻き数は nl だから，コイル全体に生じる誘導起電力の大きさ V は，

$$V = nlV_1$$
$$= \frac{\pi \mu_0 a^2 n^2 l \, \mathrm{d}I}{\mathrm{d}t}$$

自己インダクタンス L の大きさは，定義より，

$$V = L\frac{\mathrm{d}I}{\mathrm{d}t}$$

であるから，

$$L = \pi \mu_0 a^2 n^2 l \quad \cdots\cdots (答)$$

実習問題 6-4 半径 a の円形コイルの中心軸上に、半径 $b(\ll a)$、長さ l、巻き数 N のソレノイド・コイルが、その中心を円形コイルの中心と一致するように置かれている。円形コイルとソレノイド・コイルの相互インダクタンスを求めよ。

図6-28

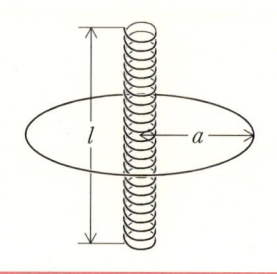

ヒント! 一般的に、コイル1とコイル2の相互インダクタンスは、コイル1の電流変化がコイル2を貫く磁束をどう変化させるかを計算しても、逆にコイル2の電流変化がコイル1を貫く磁束をどう変化させるかを計算しても、同じ結果をうる。それゆえ、計算が容易な方を用いればよい。

解答&解説 まず円形コイルに電流 I を流したときの、コイルの中心軸上の磁場を、ビオ-サバールの法則(第4講)によって求めよう(詳細は『電磁気学ノート』130ページを参照のこと)。

図6-29● 中心軸上の磁場は z 方向を向く。

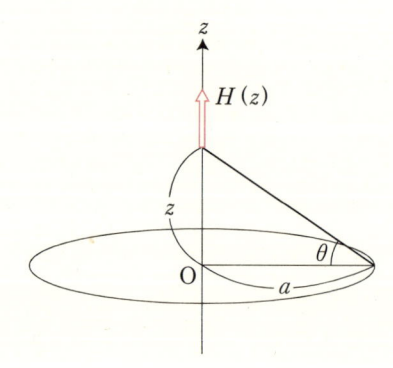

円形コイルに流れる電流によって中心軸上に生じる磁場は，中心軸方向を向くことは対称性から明らかである。

　中心軸を z 軸として，円形コイルに流れる電流の微小部分 $I\mathrm{d}\bm{s}$ が，中心軸上の位置 z につくる磁場 $\mathrm{d}\bm{H}$ の大きさは，ビオ-サバールの法則によって，

$$\mathrm{d}H = \frac{I\mathrm{d}s}{4\pi(a^2+z^2)}$$

図6-30

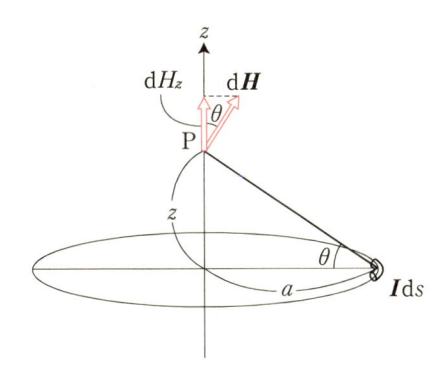

その z 成分 $\mathrm{d}H_z$ は，上図のように角 θ をとって，

$$\mathrm{d}H_z = \mathrm{d}H \cos\theta$$
$$= \frac{I\mathrm{d}s}{4\pi(a^2+z^2)} \frac{a}{\sqrt{a^2+z^2}}$$
$$= \frac{Ia\mathrm{d}s}{4\pi(a^2+z^2)^{\frac{3}{2}}}$$

これを円周 $2\pi a$ にわたって足し合わせれば，z での磁場 H となる。

$$\int \mathrm{d}H_z = \frac{Ia}{4\pi(a^2+z^2)^{\frac{3}{2}}} \int_{\text{円周}} \mathrm{d}s$$
$$= \frac{Ia}{4\pi(a^2+z^2)^{\frac{3}{2}}} \cdot 2\pi a$$
$$= \frac{Ia^2}{2(a^2+z^2)^{\frac{3}{2}}}$$

　次に，ソレノイド・コイルを貫く磁束は z の関数であるから，位置 z

における磁束の本数を $\mathrm{d}\Phi(z)$ として,
$$\mathrm{d}\Phi(z) = \pi b^2 \mu_0 H(z)$$
$$= \boxed{\text{(a)}}$$

位置 z で微小幅 $\mathrm{d}z$ をとると,この間にソレノイド・コイルの巻き数は $\dfrac{N}{l}\mathrm{d}z$ であるから,円形コイルの電流の変化によって,これらの幅 $\mathrm{d}z$ のソレノイド・コイルに生じる誘導起電力の大きさ $\mathrm{d}V$ は,
$$\mathrm{d}V = \frac{\partial \Phi(z)}{\partial t}$$
$$= \frac{\pi \mu_0 a^2 b^2}{2(a^2+z^2)^{\frac{3}{2}}} \cdot \frac{N}{l} \mathrm{d}z \cdot \frac{\mathrm{d}I}{\mathrm{d}t}$$

よって,ソレノイド・コイル全体に生じる誘導起電力の大きさ V は,
$$V = \frac{\pi \mu_0 b^2 N}{2al} \cdot \int_{-\frac{l}{2}}^{\frac{l}{2}} \frac{\mathrm{d}z}{\left\{1+\left(\dfrac{z}{a}\right)^2\right\}^{\frac{3}{2}}} \cdot \frac{\mathrm{d}I}{\mathrm{d}t}$$

積分の部分の値は,下記より
$$\frac{l}{\sqrt{1+\left(\dfrac{l}{2a}\right)^2}}$$

となるので,求める相互インダクタンス M は,
$$M = \boxed{\text{(b)}} \quad \cdots\cdots \text{(答)}$$

ひとこと 積分計算は,$z' = \dfrac{z}{a}$ とおき,さらに $z' = \tan\theta$ として置換積分をおこなえばよい(107ページ参照)。

$\mathrm{d}z' = \dfrac{1}{\cos^2\theta}\mathrm{d}\theta$ だから,
$$\int \frac{a\,\mathrm{d}z'}{(1+z'^2)^{\frac{3}{2}}} = \int a\cos^3\theta \cdot \frac{\mathrm{d}\theta}{\cos^2\theta} = \int a\cos\theta\,\mathrm{d}\theta$$

と,簡単な三角関数の積分に帰す。

(a) $\dfrac{\pi \mu_0 a^2 b^2 I}{2(a^2+z^2)^{\frac{3}{2}}}$ (b) $\dfrac{\pi \mu_0 b^2 N}{\sqrt{(2a)^2+l^2}}$

演習問題 6-5 ★★★

起電力 E の電池，電気容量 C のコンデンサー，自己インダクタンス L のコイル，抵抗値 R の抵抗およびスイッチ S を，図のように接続し，回路に定常電流が流れるようにした後，時刻 $t=0$ にスイッチ S を開くと，コンデンサーとコイルの回路に電気振動が生じた。

(1) 振動の周期を求めよ。
(2) 点 B を基準にしたとき，点 A の電位を求めよ。
(3) 点 A から点 B への向きを正として，コイルに流れる電流を求めよ。

図6-31

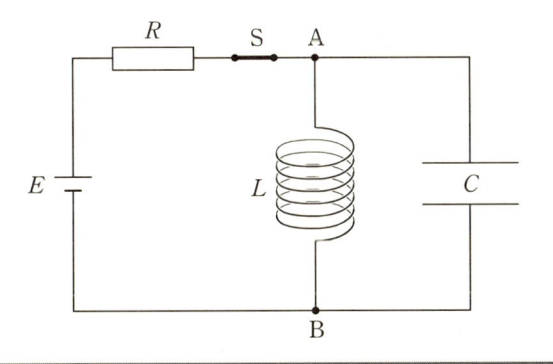

> **ヒント！** 高校物理の問題であるが，ここでは大学らしく，回路に流れる電流の微分方程式を立てて，それを解くことを試みよう。

解答&解説 初期条件として，スイッチ S を切る直前にコイルに流れている電流 I_0 は，オームの法則より，

$$I_0 = \frac{E}{R}$$

である(スイッチ S が閉じられて，定常電流が流れている状態では，コイルは「ただの導線」，すなわち抵抗 0 である)。このとき，AB 間の電位は 0 であるから，コンデンサーには電荷は蓄えられていない。

次に任意の時刻 t におけるコイルを流れる電流を $i(t)$，このときコ

講義06 ●変化する電磁場──変位電流と電磁誘導

ンデンサーに蓄えられている電荷を $q(t)$ とする。電流と電荷の正負は，点 B を基準(電位 0)にして，コイルを A から B に向かって流れる電流を正，コンデンサーの A 側に蓄えられる電荷を正としておく。

図6-32

電荷の保存則より，

$$\frac{dq(t)}{dt} + i(t) = 0$$

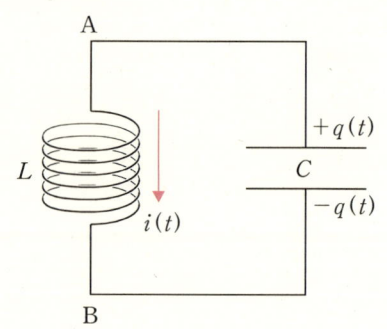

この式の直感的イメージを念のため補足しておけば，コンデンサーの A 側の極板から毎秒流れ出す電荷が $-\frac{dq}{dt}$ であり，それがコイルを A から B に向かって流れる電流 i にほかならない——ということである。

ところで，時刻 t における点 B に対する点 A の電位を $V(t)$ とすれば，コイルについては(それがまさに誘導起電力であるから)，

$$V(t) = L\frac{di(t)}{dt}$$

また，コンデンサーについては，$Q=CV$ の公式より，

$$V(t) = \frac{q(t)}{C}$$

であるから，

$$L\frac{di(t)}{dt} = \frac{q(t)}{C}$$

$$\therefore \quad q(t) = LC\frac{di(t)}{dt}$$

これを最初の電荷の保存の式に代入すれば，

$$LC\frac{d^2i(t)}{dt^2} + i(t) = 0$$

これは典型的な 2 階線形微分方程式で，その解は三角関数あるいは指数関数で表される。たとえば，三角関数で一般解を書けば，積分定数を A, B として，

$$i(t) = A\sin\omega t + B\cos\omega t$$

積分定数 A, B は，初期条件から決定される。ふつう，A, B を決定するためには 2 つの条件が必要であるが，この問題の場合には簡単に決定される (一般にはそうはいかない)。すなわち，$t=0$ で $i=I_0$ という初期条件を使えば，
$$i(0) = I_0 = B$$
となり，sin の項は消える。そこで，
$$i(t) = I_0 \cos \omega t$$
残るは角周波数 ω の決定であるが，これは微分方程式に代入することで決定される。
$$-LC\omega^2 I_0 \cos \omega t + I_0 \cos \omega t = 0$$
$$\therefore \quad \omega = \frac{1}{\sqrt{LC}}$$
よって，(1) の答えである周期 T は，
$$T = \frac{2\pi}{\omega} = 2\pi\sqrt{LC} \quad \cdots\cdots (答)$$
また，(3) の答えである電流は，
$$i(t) = I_0 \cos \frac{t}{\sqrt{LC}} = \frac{E}{R} \cos \frac{t}{\sqrt{LC}} \quad \cdots\cdots (答)$$
(2) の答えである点 A の電位は，
$$V(t) = L\frac{\mathrm{d}i(t)}{\mathrm{d}t}$$
$$= -\frac{E}{R\sqrt{\frac{C}{L}}} \sin \frac{t}{\sqrt{LC}} \quad \cdots\cdots (答)$$

ひとこと 電流，電圧の符号の決定は，式からでは分かりにくい。電位はどの点を基準にするか，電流はどちら方向を正とするかによって，答えの符号はどのようにでも変わるからである。この問題の場合，時刻 $t=0$ でコイルを点 A から点 B に向かって電流 I_0 が流れるから，コンデンサーには時刻 $t=0$ から B 側の極板に正電荷がたまりはじめる。すなわち，A の電位は下がりはじめる。よって，答えは －sin 型となる。直感的イメージが大事である。

講義06 ● 変化する電磁場——変位電流と電磁誘導

> **演習問題 6-6** ★★★★★
>
> rot A の円筒座標成分 (r, θ, z) を求めよ。また，このことを使って，実習問題 6-3 を，偏微分方程式 rot $H = \dfrac{\partial D}{\partial t}$ を解くことによって求めよ。

図6-33

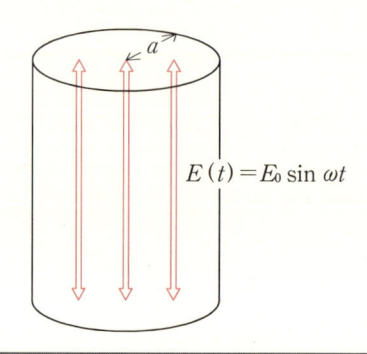

$E(t) = E_0 \sin \omega t$

> **ヒント!** 第5講で rot A の球座標成分を求めた。それと同様にすればよい。結果は，円筒座標系の方が少しだけ簡単である。偏微分方程式は複雑なように見えるが，最後はふつうの微分方程式にもっていって解くことになる。対称性を利用すれば，問題は「こけおどし」であることが分かるであろう。

解答 & 解説

図6-34 ● 円筒座標系の微小体積要素

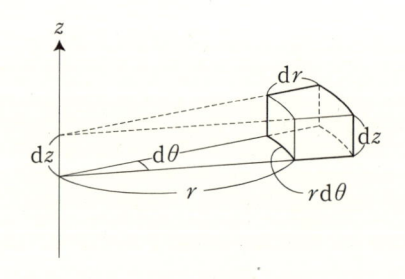

円筒座標系 (r, θ, z) の微小体積要素は上図のようになる。

図6-35 ● rot A の r 成分

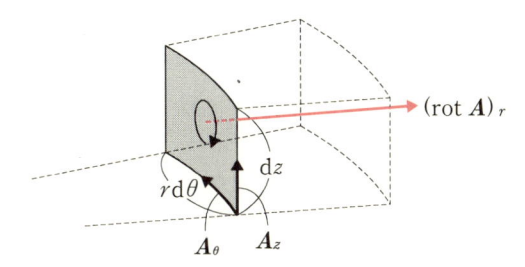

rot A の r 成分は，上図のような dz と $rd\theta$ で囲まれた(少し歪んだ)長方形の一周積分を考えればよい。図より，

$$(\text{rot } A)_r \cdot dz \cdot rd\theta = \frac{\partial (A_z dz)}{\partial \theta} \cdot d\theta - \frac{\partial (A_\theta \cdot rd\theta)}{\partial z} \cdot dz$$

$$= \frac{\partial A_z}{\partial \theta} \cdot d\theta dz - \frac{\partial A_\theta}{\partial z} \cdot rd\theta dz$$

$$\therefore \quad (\text{rot } A)_r = \frac{1}{r}\frac{\partial A_z}{\partial \theta} - \frac{\partial A_\theta}{\partial z} \quad \cdots\cdots(\text{答})$$

図6-36 ● rot A の θ 成分——この長方形は歪んでいない。

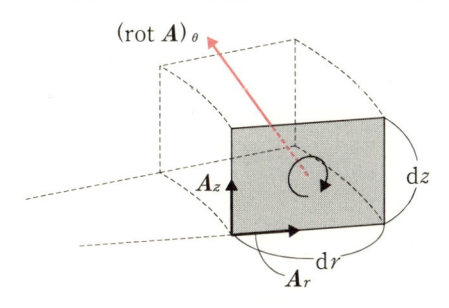

rot A の θ 成分は，上図のような dr と dz で囲まれた長方形の一周積分を考えればよい(この長方形は歪んでいない！)。

$$(\text{rot } A)_\theta \cdot dr dz = \frac{\partial (A_r dr)}{\partial z} \cdot dz - \frac{\partial (A_z dz)}{\partial r} \cdot dr$$

$$= \frac{\partial A_r}{\partial z} \cdot dr dz - \frac{\partial A_z}{\partial r} \cdot dr dz$$

$$\therefore \quad (\text{rot } A)_\theta = \frac{\partial A_r}{\partial z} - \frac{\partial A_z}{\partial r} \quad \cdots\cdots(\text{答})$$

図6-37 rot A の z 成分

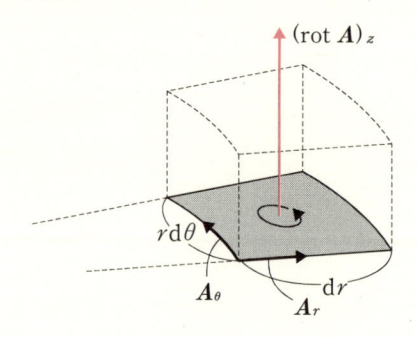

rot A の z 成分は，上図のような dr と $rd\theta$ で囲まれた(少し歪んだ)長方形の一周積分を考えればよい．

$$(\text{rot } \boldsymbol{A})_z \cdot dr \cdot rd\theta = \frac{\partial (A_\theta \cdot rd\theta)}{\partial r} \cdot dr - \frac{\partial (A_r dr)}{\partial \theta} \cdot d\theta$$

$$= \frac{\partial (A_\theta r)}{\partial r} \cdot dr d\theta - \frac{\partial A_r}{\partial \theta} \cdot dr d\theta$$

$$\therefore \quad (\text{rot } \boldsymbol{A})_z = \frac{1}{r} \left\{ \frac{\partial (A_\theta r)}{\partial r} - \frac{\partial A_r}{\partial \theta} \right\} \quad \cdots\cdots (答)$$

以上を，もう一度まとめておくと，

$$(\text{rot } \boldsymbol{A})_r = \frac{1}{r} \frac{\partial A_z}{\partial \theta} - \frac{\partial A_\theta}{\partial z}$$

$$(\text{rot } \boldsymbol{A})_\theta = \frac{\partial A_r}{\partial z} - \frac{\partial A_z}{\partial r}$$

$$(\text{rot } \boldsymbol{A})_z = \frac{1}{r} \left\{ \frac{\partial (A_\theta r)}{\partial r} - \frac{\partial A_r}{\partial \theta} \right\}$$

さて，以上の結果を使って，偏微分方程式，

$$\text{rot } \boldsymbol{H} = \frac{\partial \boldsymbol{D}}{\partial t}$$

を解くことにしよう．まず，$r > a$ の領域には電場は存在しないから，方程式は，

$$\text{rot } \boldsymbol{H} = 0$$

である．ところで，対称性より，磁場 $\boldsymbol{H}$ の r 成分 H_r と z 成分 H_z は 0 である(磁場は z 軸を中心に，回転する方向，すなわち θ 方向の成分

H_θ だけをもつ)。これを，円筒座標系の rot $\boldsymbol{H}$ の成分で書けば，

$$(\text{rot }\boldsymbol{H})_r = -\frac{\partial H_\theta}{\partial z}$$

$$(\text{rot }\boldsymbol{H})_\theta = 0$$

$$(\text{rot }\boldsymbol{H})_z = \frac{1}{r}\frac{\partial(H_\theta r)}{\partial r}$$

ところで，磁場 H_θ は，やはり対称性より z 方向には変化せず一様である。それゆえ，$\frac{\partial H_\theta}{\partial z}=0$ である。

そこで，上の3つの式の3番目だけが残る(このことは，電場が z 軸方向であることからも明らかである)。けっきょく解くべき方程式は，

$$\frac{1}{r}\frac{\partial(H_\theta r)}{\partial r} = 0$$

H_θ は(空間的には) r のみの関数であるから偏微分を微分に変え，また右辺が0だから $\frac{1}{r}$ の項は消去して，

$$\frac{d(H_\theta r)}{dr} = 0$$

これは簡単に解けて，

$$H_\theta r = C$$

C は積分定数だが，境界条件($r=a$ での H_θ の値)によって決まる。

次に $r \leqq a$ の場合を考えよう。このとき，H_θ はやはり空間的には r だけの関数なので，

$$\frac{1}{r}\frac{d(H_\theta r)}{dr} = \frac{\partial D}{\partial t} = \varepsilon_0 E_0 \omega \cos \omega t$$

右辺は時間的には変化するが，空間的には定数なので，これを K とおいて変形すれば，

$$d(H_\theta r) = Kr\,dr$$

$$\therefore \quad H_\theta r = \frac{1}{2}Kr^2$$

よって，

$$H_\theta = \frac{1}{2}Kr$$

すなわち,
$$H_\theta(r,t) = \frac{1}{2}\varepsilon_0 E_0 \omega r \cos\omega t \quad \cdots\cdots(答)$$

上の微分方程式の解には本当は積分定数がつくが, いま $r=0$ で $H=0$ であるから, 上式が解である。

この結果より,
$$H_\theta(a,t) = \frac{1}{2}Ka$$

これを $r>a$ の解の境界条件として使えば,
$$H_\theta(a,t) = \frac{C}{a}$$

すなわち,
$$C = aH_\theta(a,t) = \frac{1}{2}\varepsilon_0 E_0 \omega a^2 \cos\omega t$$

よって, $r>a$ での解は,
$$H_\theta(r,t) = \frac{1}{2r}\varepsilon_0 E_0 \omega a^2 \cos\omega t \quad \cdots\cdots(答)$$

以上の結果は, たしかに実習問題 6-3 の答えと一致する。

> **実習問題 6-5** ★★★★
> $\nabla^2 \phi (= \text{div}(\text{grad }\phi))$ の球座標 (r, θ, φ) 表示を求めよ。

ヒント! われわれはすでに，grad と div の球座標表示を求めた（演習問題 3-5，演習問題 5-5）。それゆえ，あとはこれらを組み合わせて計算するだけである。

解答&解説 演習問題 3-5 より，grad ϕ の成分は，

$$(\text{grad }\phi)_r = \frac{\partial \phi}{\partial r}$$

$$(\text{grad }\phi)_\theta = \frac{1}{r} \frac{\partial \phi}{\partial \theta}$$

$$(\text{grad }\phi)_\varphi = \frac{1}{r \sin \theta} \frac{\partial \phi}{\partial \varphi}$$

演習問題 5-5 より，div $\boldsymbol{A}$ の値は，

$$\text{div }\boldsymbol{A} = \frac{1}{r^2} \frac{\partial (A_r r^2)}{\partial r} + \frac{1}{r \sin \theta} \frac{\partial (A_\theta \sin \theta)}{\partial \theta} + \frac{1}{r \sin \theta} \frac{\partial A_\varphi}{\partial \varphi}$$

である。この A_r, A_θ, A_φ を，上の grad ϕ の各成分に置き換えれば，次の結果を得る。

$$\nabla^2 \phi = \text{div}(\text{grad }\phi)$$
$$= \frac{1}{r^2} \frac{\partial}{\partial r}\left(r^2 \frac{\partial \phi}{\partial r}\right) + \frac{1}{r^2 \sin \theta} \frac{\partial}{\partial \theta}\left(\sin \theta \frac{\partial \phi}{\partial \theta}\right)$$
$$+ \boxed{\text{(a)}} \quad \cdots\cdots \text{(答)}$$

(a) $\dfrac{1}{r^2 \sin^2 \theta} \dfrac{\partial^2 \phi}{\partial \varphi^2}$

LECTURE 07 マクスウェルの方程式と電磁波

◆マクスウェルの方程式

　宇宙の構成は次の通りである。真空の空間の中に物質(原子)があり,物質は質量と電荷をもつ(磁荷は存在しない)。質量は,万有引力(重力場)を作り出す(それだけではなく,質量は運動方程式にも顔を出す)。一方,電荷は静電場を作り出す。また,動く電荷(電流)は静磁場を作り出す。しかし,電場と磁場の関係はこれだけではない。電場や磁場のそもそもの原因は,電荷をもつ物質の存在であるが,いったん電場や磁場が作り出されると,その時間変化がさらなる磁場と電場を作り出す。この一見複雑そうな電磁気現象は,マクスウェルの4つの方程式で完全に記述される。

◆マクスウェルの方程式

① $\mathrm{div}\,\boldsymbol{D}=\rho$ …電荷は,その周りに電場を「発散」させる。

② $\mathrm{rot}\,\boldsymbol{E}=-\dfrac{\partial \boldsymbol{B}}{\partial t}$ …電場は,磁場の時間変化によっても生じる(ファラデーの法則)が,そのときの電場は「回転」する。

③ $\mathrm{div}\,\boldsymbol{B}=0$ …磁荷は存在しないので,「発散」する磁場は存在しない。

④ $\mathrm{rot}\,\boldsymbol{H}=\boldsymbol{i}+\dfrac{\partial \boldsymbol{D}}{\partial t}$ …磁場は,動く電荷(電流)および電場の時間変化(変位電流)によって生じる。そして磁場はつねに「回転」する。

図7-1 ● マクスウェルの方程式の直感的イメージ

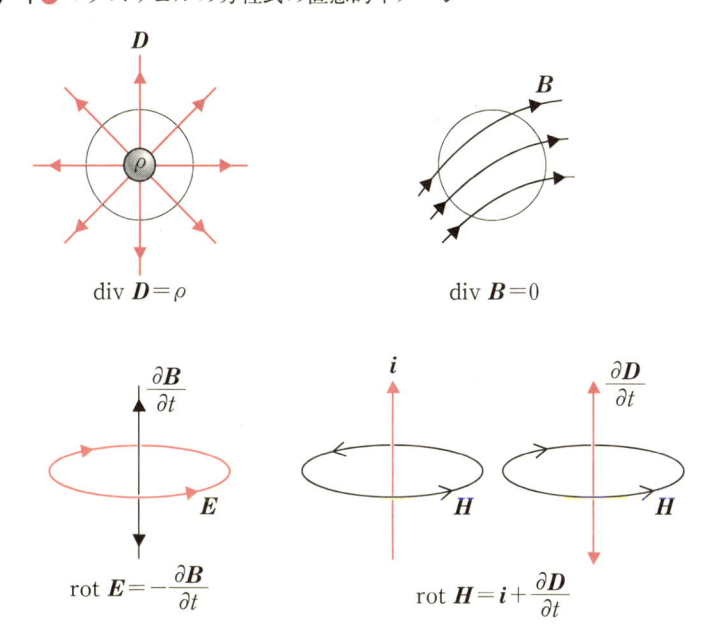

$$\text{div}\, \boldsymbol{D} = \rho$$

$$\text{div}\, \boldsymbol{B} = 0$$

$$\text{rot}\, \boldsymbol{E} = -\frac{\partial \boldsymbol{B}}{\partial t}$$

$$\text{rot}\, \boldsymbol{H} = \boldsymbol{i} + \frac{\partial \boldsymbol{D}}{\partial t}$$

電場を $\boldsymbol{E}$ と電束密度 $\boldsymbol{D}$ の2通りで記述し，磁場を $\boldsymbol{H}$ と磁束密度 $\boldsymbol{B}$ の2通りで記述するのは，まったく便宜的なことである．

$$\boldsymbol{D} = \varepsilon_0 \boldsymbol{E}$$
$$\boldsymbol{B} = \mu_0 \boldsymbol{H}$$

電場と磁場の対称性を考えるなら，電束密度 $\boldsymbol{D}$ が磁束密度 $\boldsymbol{B}$ に，電場 $\boldsymbol{E}$ が磁場 $\boldsymbol{H}$ に対応するが，観測可能な電気力，磁気力という観点から考えるなら，電気力は $\boldsymbol{E}$，磁気力は $\boldsymbol{B}$ で，$\boldsymbol{E}$ と $\boldsymbol{B}$ が対応する(例：$F_E = qE$，$F_M = qvB$)．

◆真空中を伝播する電磁波

電荷や電流の存在しない空間でのマクスウェルの方程式は，前項の方程式において $\rho = 0$，$\boldsymbol{i} = 0$ として，次のようになる(電荷や電流がどこにも存在しないということではない．いま考えている1点に存在しないということである)．

> ①′ div $\boldsymbol{D} = 0$
> ②′ rot $\boldsymbol{E} = -\dfrac{\partial \boldsymbol{B}}{\partial t}$
> ③′ div $\boldsymbol{B} = 0$
> ④′ rot $\boldsymbol{H} = \dfrac{\partial \boldsymbol{D}}{\partial t}$

この対称的な方程式を，電場だけ，磁場だけにまとめれば，次の波動方程式を得る(『電磁気学ノート』192 ページ)。

$$\nabla^2 \boldsymbol{E} = \varepsilon_0 \mu_0 \frac{\partial^2 \boldsymbol{E}}{\partial t^2}$$

$$\nabla^2 \boldsymbol{H} = \varepsilon_0 \mu_0 \frac{\partial^2 \boldsymbol{H}}{\partial t^2}$$

これは，典型的な波動方程式である。すなわち，この波が伝わる速さ c は，

$$c = \frac{1}{\sqrt{\varepsilon_0 \mu_0}}$$

で，これはいうまでもなく真空中の電磁波(光)の速さである。すなわち，$c = 3.0 \times 10^8$ [m/s]。ε_0, μ_0 の値は「人為的」に定義されたものであるが，c は普遍定数である。

波動方程式の解としては，三角関数あるいは指数関数がもっともよく知られているが，1次元の一般解は，

$$E = f(x - ct) + g(x + ct)$$

である(実習問題 7-2)。f と g の形は初期条件や境界条件によって決まるもので，一般には任意の関数である(ただし，x と t に関して2階微分可能とする)。

◆電磁波のエネルギー密度とポインティング・ベクトル

電場のエネルギー密度 u_E，磁場のエネルギー密度 u_M は，

$$u_E = \frac{1}{2}\varepsilon_0 E^2$$

$$u_M = \frac{1}{2}\mu_0 H^2$$

であるから，大きさがそれぞれ E, H の電場と磁場が共存する電磁波のエネルギー密度 U は，

$$U = u_E + u_M = \frac{1}{2}(\varepsilon_0 E^2 + \mu_0 H^2)$$

である。電磁波が真空中を速さ c で進行すれば，そこにはエネルギー流が存在することになる。これをベクトルと捉えれば，このエネルギー流 $\boldsymbol{S}$ は電磁波の進行方向を向き，

$$\boldsymbol{S} = \boldsymbol{E} \times \boldsymbol{H}$$

となる。これを**ポインティング・ベクトル**と呼ぶ。ポインティング・ベクトル $\boldsymbol{S}$ の大きさは，電磁波の進行方向に垂直な断面を単位時間に通過するエネルギーの面積密度である。

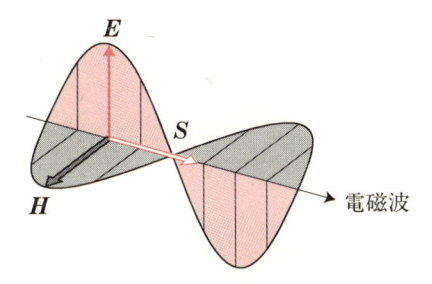

図7-2● ポインティング・ベクトル $\boldsymbol{S} = \boldsymbol{E} \times \boldsymbol{H}$ のイメージ

講義07● マクスウェルの方程式と電磁波

◆演習問題・実習問題

真空の誘電率 ε_0，真空の透磁率 μ_0 は与えられているとする。

> **演習問題 7-1** ★☆☆☆☆
>
> 真空の透磁率 μ_0 の値は，$4\pi \times 10^{-7} [\text{N/A}^2]$，真空中の光の速さ c は，$3.0 \times 10^8 [\text{m/s}]$ である。これより，真空の誘電率 ε_0 の値を求めよ。

ヒント! $c = \dfrac{1}{\sqrt{\varepsilon_0 \mu_0}}$ の関係さえ知っていれば，ただの計算問題であるが，電場と磁場の力の比例定数が真空中の光速（電磁波の速度）に結びついているところに，電磁気学の単位系の「妙」を感じてほしい。ただし，ε_0 と μ_0 はアンペアという電気量の単位とニュートンという力学の単位を結びつけるために生じた定数で，単位系の取り方次第でどのようにでも処理できる便宜的な物理量である。

解答&解説 $c = \dfrac{1}{\sqrt{\varepsilon_0 \mu_0}}$ より，

$$\varepsilon_0 = \frac{1}{\mu_0 c^2}$$

$$= \frac{1}{4\pi \times 10^{-7} \times (3.0 \times 10^8)^2}$$

$$= 8.84 \times 10^{-12} \ [\text{F/m}] (= [\text{C}^2/\text{J} \cdot \text{m}]) \quad \cdots\cdots \text{(答)}$$

演習問題 7-2 ★★★

空間のある点から，球対称に電流が放射している。静磁場の法則によれば，電流の周囲には回転する磁場ができるはずであるが，この場合，このような磁場は生じないことを，マクスウェルの方程式，$\mathrm{rot}\,\boldsymbol{H} = \boldsymbol{i} + \dfrac{\partial \boldsymbol{D}}{\partial t}$ より証明せよ。

図7-3

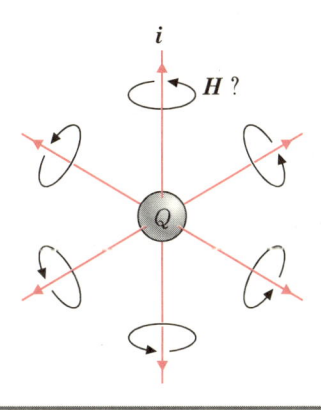

ヒント！ 変位電流が磁場をつくることは，電荷の保存則から導かれた（第4講）。それゆえ，マクスウェルの方程式 $\mathrm{rot}\,\boldsymbol{H} = \boldsymbol{i} + \dfrac{\partial \boldsymbol{D}}{\partial t}$ は，電荷の保存則の別の表現である。

解答&解説 球対称に放射している電流の湧き出し点を中心として，半径 r の球面上の点 P を考える。

図7-4● 点 P には電流以外に時間変化する電場がある。

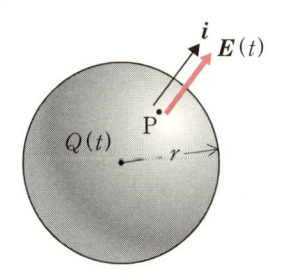

いま，時刻 t におけるこの球内に存在する全電気量を $Q(t)$ とし，点 P において球の外部に流出している電流密度の大きさを i とすると，電荷の保存則より，

$$4\pi r^2 i = -\frac{dQ(t)}{dt} \quad \cdots\cdots ①$$

また，時刻 t における点 P の電場の大きさ $E(t)$ は，電流と同様，球対称であるから，ガウスの法則より，

$$4\pi r^2 E(t) = \frac{Q(t)}{\varepsilon_0} \quad \cdots\cdots ②$$

題意より，i と $E(t)$ の向きは，球面に垂直外向きである。

①式より，

$$i = -\frac{1}{4\pi r^2}\frac{dQ(t)}{dt}$$

②式より，

$$\varepsilon_0 \frac{\partial E(t)}{\partial t} = \frac{1}{4\pi r^2}\frac{dQ(t)}{dt}$$

よって，これらをマクスウェルの方程式に代入すれば（ベクトルの向きは，球面外向きとして），

$$\text{rot } \boldsymbol{H} = \boldsymbol{i} + \frac{\partial \boldsymbol{D}}{\partial t}$$

$$= -\frac{1}{4\pi r^2}\frac{dQ(t)}{dt}\boldsymbol{e}_r + \frac{1}{4\pi r^2}\frac{dQ(t)}{dt}\boldsymbol{e}_r = 0$$

（$\boldsymbol{e}_r$ は，球面外向きの単位ベクトル）

よって，rot $\boldsymbol{H}$ は存在しない。【証明終わり】

ひとこと div $\boldsymbol{H}$ はつねに 0 で，磁場はつねに「回転」としてしか生じないから，この空間に磁場は存在しない。

実習問題 7-1 ★★★★★

真空中から，誘電率 ε，透磁率 μ の媒質に，入射角 i で電磁波が入射した。このとき，電磁波の屈折角を r として，$\sin r$ を求めよ。ただし，ε と μ は電磁波の波長によらない定数とする。

図7-5

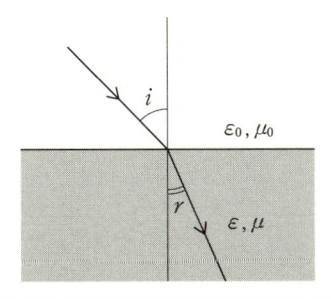

ヒント! 光波の屈折の法則を想い起こせばよい。屈折率 n の定義は，真空中の電磁波の速さ c に対して，その媒質中での電磁波の速さを c' とすれば，$n = \dfrac{c}{c'}$ であることを知っていれば容易。

解答&解説 誘電率 ε，透磁率 μ の媒質中での電磁波の速さ c' は，

$$c' = \frac{1}{\sqrt{\varepsilon\mu}}$$

である。

図7-6

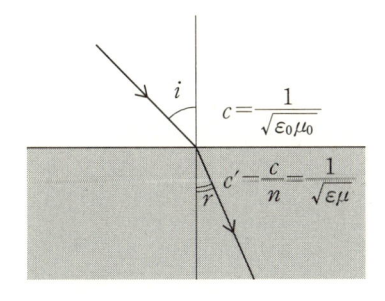

一方，真空中での電磁波の速さ c は，

であるから，この媒質の屈折率 n は，

$$n = \frac{c}{c'} = \sqrt{\frac{\varepsilon\mu}{\varepsilon_0\mu_0}}$$

さらに，入射角 i，屈折角 r，屈折率 n の間には次の関係がある。

$$\frac{\sin i}{\sin r} = n$$

よって，

$$\sin r = \frac{\sin i}{n} = \boxed{\text{(a)}} \quad \cdots\cdots \text{(答)}$$

(a) $\sqrt{\dfrac{\varepsilon_0\mu_0}{\varepsilon\mu}} \sin i$

> **実習問題 7-2** ★★★☆☆
>
> 1次元の真空中における電磁波の波動方程式は，たとえば電場 E について，
>
> $$\frac{\partial^2 E}{\partial x^2} = \varepsilon_0 \mu_0 \frac{\partial^2 E}{\partial t^2}$$
>
> と書ける。そして，この波動方程式の一般解は，f, g を(x と t に関する2階微分可能な)任意の形の関数として，
>
> $$E = f(x - ct) + g(x + ct) \quad \left(c = \frac{1}{\sqrt{\varepsilon_0 \mu_0}} \right)$$
>
> である。この一般解が上の波動方程式の解になっていることを示せ。
>
> **図7-7**
>
> $f(x-ct) \rightarrow \quad \leftarrow g(x+ct)$

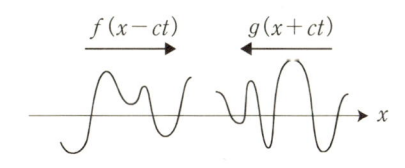

ヒント！ f を t で2回微分すれば係数 c^2 が前に出てくる。また，g を t で2回微分すれば同じく c^2 が前に出てくる。このことから，問題は直感的に明らかである。証明の形式にこだわる必要はない。

解答&解説 $u = x - ct$ とおくと，関数 $f(x - ct)$ について，

$$\frac{\partial f}{\partial x} = \frac{\partial f}{\partial u} \cdot \frac{\partial u}{\partial x} = \frac{\partial f}{\partial u}$$

$$\frac{\partial^2 f}{\partial x^2} = \frac{\partial}{\partial x}\left(\frac{\partial f}{\partial u}\right)$$

$$= \frac{\partial \left(\frac{\partial f}{\partial u}\right)}{\partial u} \cdot \frac{\partial u}{\partial x} = \boxed{\text{(a)}}$$

$$\frac{\partial f}{\partial t} = \frac{\partial f}{\partial u} \cdot \frac{\partial u}{\partial t} = -c \frac{\partial f}{\partial u}$$

$$\frac{\partial^2 f}{\partial t^2} = -c\frac{\partial\left(\frac{\partial f}{\partial u}\right)}{\partial t}$$

$$= -c\frac{\partial\left(\frac{\partial f}{\partial u}\right)}{\partial u}\cdot\frac{\partial u}{\partial t}$$

$$= \boxed{\text{(b)}}$$

関数 $g(x+ct)$ についても，まったく同様に，

$$\frac{\partial^2 g}{\partial x^2} = \frac{\partial^2 g}{\partial u'^2}$$

$$\frac{\partial^2 g}{\partial t^2} = c^2\frac{\partial^2 g}{\partial u'^2}$$

以上の結果を，$E = f(x-ct) + g(x+ct)$ として，1次元の波動方程式，

$$\frac{\partial^2 E}{\partial x^2} = \varepsilon_0\mu_0\frac{\partial^2 E}{\partial t^2}$$

に代入すれば，

$$\text{左辺} = \frac{\partial^2 f}{\partial u^2} + \frac{\partial^2 g}{\partial u'^2}$$

$$\text{右辺} = \varepsilon_0\mu_0\cdot c^2\left(\frac{\partial^2 f}{\partial u^2} + \frac{\partial^2 g}{\partial u'^2}\right)$$

$$= \frac{\partial^2 f}{\partial u^2} + \frac{\partial^2 g}{\partial u'^2}$$

よって解，$E = f(x-ct) + g(x+ct)$ は，たしかに波動方程式をみたす。

ひとこと 微分方程式の特殊解と一般解については，『物理数学ノート』132-134ページ参照。

(a) $\dfrac{\partial^2 f}{\partial u^2}$ (b) $c^2\dfrac{\partial^2 f}{\partial u^2}$

> **演習問題 7-3** ★★★☆☆
> 電磁波は横波であることを，平面電磁波の場合について直感的に説明せよ。

ヒント! マクスウェルの方程式より，電場 E と磁場 H の直交性は直感的に明らかである。これらの電場・磁場に対して，波動が直角方向に進むことを示せばよい。

解答&解説 平面電磁波の波源として，無限に拡がる導体板を想定し，この導体板を y–z 平面とし，それに垂直に x 軸をとる。導体板上に，z 軸方向に振動する交流電流を流すと，x 軸方向に伝播する電磁波が発生する。この電磁波は導体板に平行な平面波である。

図7-8 無限に拡がる交流 i は平面電磁波を生じさせる。

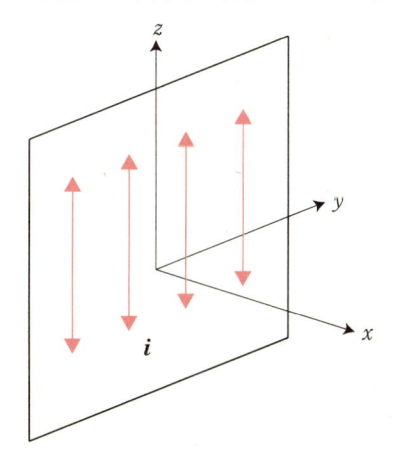

z 軸方向に流れる(交流)電流によって生じる磁場 $H(x, y, z, t)$ は，z 軸に対する「回転」として生じるから，z 軸に対して垂直である。すなわち，z 成分をもたない。

図7-9● H は z 軸に垂直だから z 成分をもたない。

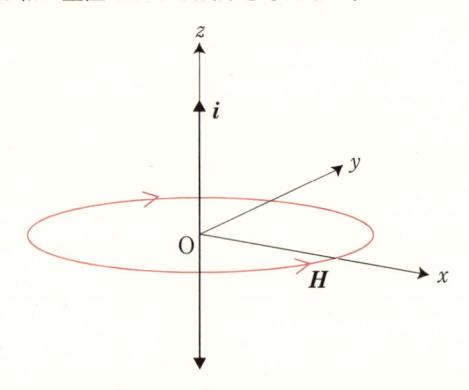

任意の点 (x,y,z) における磁場 $H(x,y,z)$ は，次図のように，y 軸方向（正負の向きは時間によって変わる）に並ぶ電流の微小部分がつくる磁場の積分として求められるが，対称性より，その x 成分は打ち消される。すなわち，磁場 H は空間成分としては y 成分だけをもつ。

図7-10● y 軸方向に並ぶ i の積分によって H の x 成分はキャンセルされ，y 成分だけとなる。

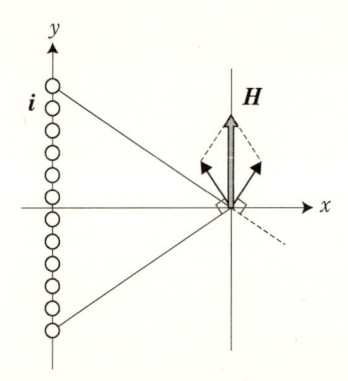

また，対称性より，y-z 面上の各点はまったく同等であるから，磁場の y 成分 $H_y(x,t)$ は y-z 面上では一様である。すなわち，

$$\frac{\partial H_y(x,t)}{\partial y} = 0$$

$$\frac{\partial H_y(x,t)}{\partial z} = 0$$

次に，上のように生じた磁場 H の時間変化によって，電場 $E(x,y,z,t)$ が磁場の周りの「回転」として生じる $\left(\operatorname{rot} E = -\dfrac{\partial B}{\partial t}\right)$。よって，この電場 E は，磁場 H の方向 y に対して垂直である。すなわち，電場 E は y 成分をもたない。

図7-11● E は y 軸に垂直だから，y 成分をもたない。

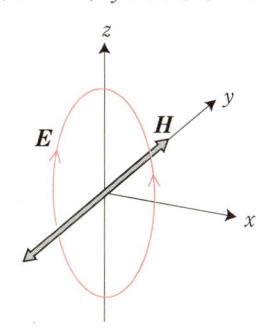

任意の点 (x,y,z) における電場 $E(x,y,z)$ は，次図のように，z 軸方向（z 軸上とはかぎらない。また向きは y 軸方向正負で，時間によって変わる）に並ぶ磁場の微小部分（の変化）がつくる電場の積分として求められるが，対称性により，その x 成分は打ち消される。すなわち，電場 E は空間成分としては z 成分だけをもつ。

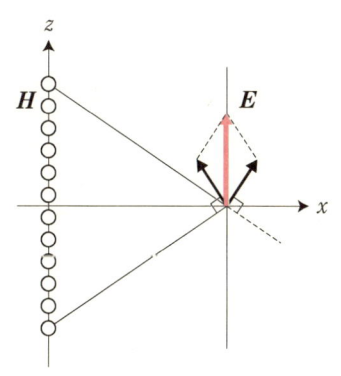

図7-12● z 軸方向に並ぶ H の積分によって E の x 成分はキャンセルされ，z 成分だけとなる。

また，対称性より，y-z 面上の各点はまったく同等であるから，電場の z 成分 $E_z(x,t)$ は y-z 面上では一様である。すなわち，

$$\frac{\partial E_z(x,t)}{\partial y} = 0$$

$$\frac{\partial E_z(x,t)}{\partial z} = 0$$

以上より，$\boldsymbol{E}$ に関する波動方程式，

$$\nabla^2 \boldsymbol{E} = \varepsilon_0 \mu_0 \frac{\partial^2 \boldsymbol{E}}{\partial t^2}$$

は，$\boldsymbol{E}$ の z 成分に関する x 方向の 1 次元波動方程式，

$$\frac{\partial^2 E_z(x,t)}{\partial x^2} = \varepsilon_0 \mu_0 \frac{\partial^2 E_z(x,t)}{\partial t^2}$$

となる。この波動方程式はいうまでもなく，x 軸方向に進む(あるいは後退する)波である。それに対して，電場 E は空間的には z 成分しかもたないから，波の進行方向に対して垂直である。y 成分だけをもつ磁場についても，同様のことがいえる。よって，少なくとも 1 次元波動方程式で書ける平面波については，電磁波は横波である。

ひとこと ここでは，電磁波一般について横波であることを証明してはいないが，実はあらゆる電磁波は平面波の重ね合わせとして表現することができるので，すべての電磁波は横波である。

実習問題 7-3 ★★★★

電磁波における電場のエネルギー密度 $u_E = \frac{1}{2}\varepsilon E^2$ と磁場のエネルギー密度 $u_M = \frac{1}{2}\mu H^2$ は，その大きさが等しいことを証明せよ。

ヒント！ マクスウェルの方程式より導かれる電磁波の波動方程式は，電場 $\boldsymbol{E}$ と磁場 $\boldsymbol{H}$ に関してまったく同じ形になる（『電磁気学ノート』200 ページ）。つまり，解 $\boldsymbol{E}$ と解 $\boldsymbol{H}$ の大きさは比例する。この比例定数がいくらになるかを求めれば，$\boldsymbol{E}$ と $\boldsymbol{H}$ の大きさを比較できる。そして，そのこともまたマクスウェルの方程式から導かれる。

解答 & 解説 誘電率 ε，透磁率 μ の媒質中を伝播する平面電磁波を考える。電磁波が伝わる方向を x 軸，電場 $\boldsymbol{E}$ の方向を $+y$ 軸とすると磁場 $\boldsymbol{H}$ の方向は $+z$ 軸である。

図7-13 平面波

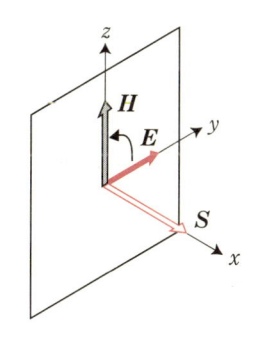

すなわち，電場については，実習問題 7-2 の結果（のうちの 1 つの特殊解）を用いて，

$$E_x = 0, \quad E_y = f(x - ct), \quad E_z = 0$$

$$\frac{\partial E_y}{\partial x} = f'(x - ct)$$

$$\frac{\partial E_y}{\partial y} = 0, \quad \frac{\partial E_y}{\partial z} = 0 \quad (\because \text{平面波なので } y, z \text{ 方向に一様})$$

磁場についても同様に，

$$H_x = 0, \quad H_y = 0, \quad H_z = \alpha f(x-ct) \quad (\alpha は比例定数)$$

$$\frac{\partial H_z}{\partial t} = -\alpha c f'(x-ct)$$

マクスウェルの方程式の1つ，

$$\text{rot } \boldsymbol{E} = -\frac{\partial \boldsymbol{B}}{\partial t}$$

を，この平面波に適用すると，x 成分，y 成分はすべて 0 となるので，z 成分だけが残る．

$$\frac{\partial E_y}{\partial x} = -\mu \frac{\partial H_z}{\partial t}$$

すなわち，

$$f'(x-ct) = \mu \alpha c f'(x-ct)$$

$$\therefore \quad \alpha = \frac{1}{\mu c} = \frac{1}{\mu}\sqrt{\varepsilon \mu}$$

$$= \sqrt{\frac{\varepsilon}{\mu}}$$

よって，

$$H = \sqrt{\frac{\varepsilon}{\mu}} E$$

すなわち，

$$\varepsilon E^2 = \boxed{\text{(a)}} \quad \cdots 【証明終わり】$$

ひとこと 真空中では，$H = \sqrt{\frac{\varepsilon_0}{\mu_0}} E = \frac{1}{376} E$ で，磁場は電場より非常に小さい（『電磁気学ノート』203 ページ）。しかし，これはあくまで電場と磁場の定義次第であって，376 という数字に本質的な意味はない。けっきょく，われわれが測定できるものはエネルギーであり，電磁波に関していえば，電場と磁場は同じ大きさのエネルギーをもつのである。

(a) μH^2

演習問題 7-4 ★★★★　1点から放射状に拡がる球面波の電磁波の波動方程式を，球座標 (r, θ, φ) 表示で示せ。また，球面波における電場と磁場の大きさは，波源からの距離を r として，$\frac{1}{r}$ に比例することを示せ。

図7-14 ● 球面波

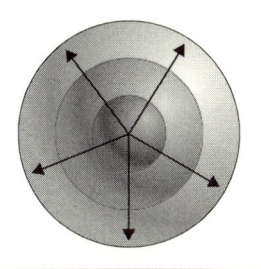

ヒント!　∇^2 の球座標表示は実習問題 6-5 で求めた。あとは対称性と電磁波が横波であることを用いて，式を簡略化していけばよい。

解答＆解説　球面波の波源を原点 O とし，球座標 (r, θ, φ) をとれば，電磁波の進行方向は r 方向である。よって，電場 $\boldsymbol{E}$・磁場 $\boldsymbol{H}$ は r 方向に垂直で，r 成分をもたない。

図7-15 ● $\boldsymbol{E}$（と $\boldsymbol{H}$）は r に垂直だから r 成分をもたない，かつ r 方向にのみ変化する。

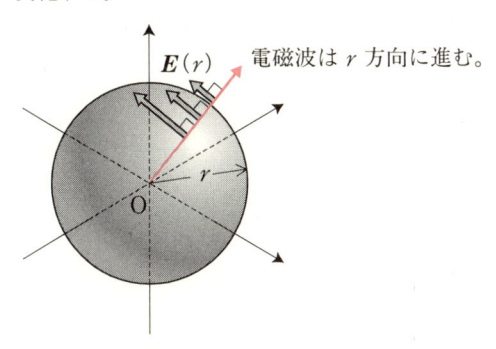

また，対称性により，r が一定の球面上の各点はどこも同等であるから，電場・磁場は θ 方向，φ 方向に一様である。すなわち，

$$\frac{\partial \boldsymbol{E}(r,t)}{\partial \theta} = \frac{\partial \boldsymbol{E}(r,t)}{\partial \varphi} = 0$$

$$\frac{\partial \boldsymbol{H}(r,t)}{\partial \theta} = \frac{\partial \boldsymbol{H}(r,t)}{\partial \varphi} = 0$$

以上より，実習問題 6-5 の ∇^2 の球座標表示を用いて，次の 4 つの波動方程式を得る．

$$\left.\begin{aligned}\frac{1}{r^2}\frac{\partial}{\partial r}\left(r^2\frac{\partial E_\theta(r,t)}{\partial r}\right) &= \varepsilon_0\mu_0\frac{\partial^2 E_\theta(r,t)}{\partial t^2} \\ \frac{1}{r^2}\frac{\partial}{\partial r}\left(r^2\frac{\partial E_\varphi(r,t)}{\partial r}\right) &= \varepsilon_0\mu_0\frac{\partial^2 E_\varphi(r,t)}{\partial t^2} \\ \frac{1}{r^2}\frac{\partial}{\partial r}\left(r^2\frac{\partial H_\theta(r,t)}{\partial r}\right) &= \varepsilon_0\mu_0\frac{\partial^2 H_\theta(r,t)}{\partial t^2} \\ \frac{1}{r^2}\frac{\partial}{\partial r}\left(r^2\frac{\partial H_\varphi(r,t)}{\partial r}\right) &= \varepsilon_0\mu_0\frac{\partial^2 H_\varphi(r,t)}{\partial t^2}\end{aligned}\right\} \quad \cdots\cdots(答)$$

上の 4 つの波動方程式は，数学的にはすべて同じであるから，たとえば $E_\theta(r,t)$ を E と簡略に書いて，その解について調べてみる．

いま，E に r をかけた rE という関数を考えると，

$$\frac{\partial(rE)}{\partial r} = E + r\frac{\partial E}{\partial r}$$

$$\frac{\partial^2(rE)}{\partial r^2} = 2\frac{\partial E}{\partial r} + r\frac{\partial^2 E}{\partial r^2}$$

ところで，求める波動方程式をもう一度書くと，

$$\frac{1}{r^2}\frac{\partial}{\partial r}\left(r^2\frac{\partial E}{\partial r}\right) = \varepsilon_0\mu_0\frac{\partial^2 E}{\partial t^2}$$

であるが，左辺の偏微分を展開すれば，

$$\begin{aligned}左辺 &= \frac{1}{r^2}\left(2r\frac{\partial E}{\partial r} + r^2\frac{\partial^2 E}{\partial r^2}\right) \\ &= \frac{2}{r}\cdot\frac{\partial E}{\partial r} + \frac{\partial^2 E}{\partial r^2} \\ &= \frac{1}{r}\left\{\frac{\partial^2(rE)}{\partial r^2}\right\}\end{aligned}$$

よって，$\dfrac{1}{r}$ を右辺に移項し，時間 t の偏微分の中に入れてしまえば，

$$\frac{\partial^2 (rE)}{\partial r^2} = \varepsilon_0 \mu_0 \frac{\partial^2 (rE)}{\partial t^2}$$

これは関数 rE についての 1 次元波動方程式である。この一般解は実習問題 7-2 で与えられるが，分かりやすくするために，たとえば rE の 1 つの特殊解として指数関数の進行波 $E_0 e^{i(kr-\omega t)}$ を考えるなら，

$$rE = E_0 e^{i(kr-\omega t)}$$

$$\therefore \quad E_\theta(r,t) = \frac{1}{r} E_0 e^{i(kr-\omega t)}$$

となり，たしかに $\frac{1}{r}$ に比例する。

ひとこと 電場のエネルギー密度は，$u = \frac{1}{2}\varepsilon_0 E^2$ であるから，E が $\frac{1}{r}$ に比例するなら，エネルギー密度は $\frac{1}{r^2}$ に比例することになる。球面波では，半径 r の球面上のエネルギー密度は $\frac{全エネルギー}{4\pi r^2}$ であるから，たしかに整合性がとれている。

> **実習問題 7-4** ★★★★
> 無限に長い直線導線に交流電流を流すと，同心円状に電磁波が拡がる。この電磁波の波動方程式を円筒座標 (r, θ, z) 表示で示せ。また，この電磁波の電場と磁場の大きさは，導線からの距離を r として，$r \gg 1$ のところでは，$\dfrac{1}{\sqrt{r}}$ に比例することを示せ。
>
> 図7-16

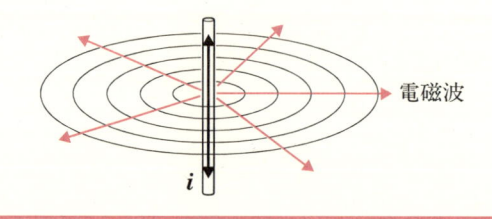

ヒント！ 前問と同様にすればよい。ただ，偏微分方程式の変形は，前問のようにすんなりとはいかない。そこで $r \gg 1$ の条件を使う。

解答＆解説 球座標の grad および div と同様にして，円筒座標では，

$$(\text{grad})_r = \frac{\partial}{\partial r}, \quad (\text{grad})_\theta = \frac{1}{r}\frac{\partial}{\partial \theta}, \quad (\text{grad})_z = \frac{\partial}{\partial z}$$

$$\text{div } \boldsymbol{A} = \frac{1}{r}\frac{\partial (A_r r)}{\partial r} + \frac{1}{r}\frac{\partial A_\theta}{\partial \theta} + \frac{\partial A_z}{\partial z}$$

が導けるので，これらを組み合わせると，円筒座標 (r, θ, z) によるラプラシアン表示は，

$$\nabla^2 = \frac{1}{r}\frac{\partial}{\partial r}\left(r\frac{\partial}{\partial r}\right) + \frac{1}{r^2}\frac{\partial^2}{\partial \theta^2} + \frac{\partial^2}{\partial z^2}$$

であるが，対称性により，電場・磁場は θ 方向，z 方向には一様であるから，$\dfrac{\partial}{\partial \theta}$ および $\dfrac{\partial}{\partial z}$ の項は 0 となる。

また，前問と同様にして，空間的には電場 $\boldsymbol{E}$ は z 成分だけの関数，磁場 $\boldsymbol{H}$ は θ 成分だけの関数となるから，$E_z(r, t)$ を E，$H_\theta(r, t)$ を H と簡略化した表記にして，けっきょく次の2

図7-17 ● E は z 方向，H は θ 方向を向き，かつ r 方向にのみ変化する。

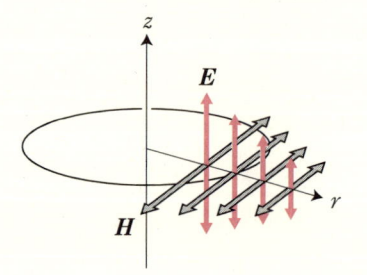

つの波動方程式を得る。

$$\frac{1}{r}\frac{\partial}{\partial r}\left(r\frac{\partial E}{\partial r}\right) = \varepsilon_0\mu_0\frac{\partial^2 E}{\partial t^2}$$

$$\frac{1}{r}\frac{\partial}{\partial r}\left(r\frac{\partial H}{\partial r}\right) = \boxed{\text{(a)}} \quad \cdots\cdots(答)$$

いま，E に $\sqrt{r}$ をかけた関数 $\sqrt{r}E$ を考えると，

$$\frac{\partial^2(\sqrt{r}E)}{\partial r^2} = \sqrt{r}\frac{\partial^2 E}{\partial r^2} + \frac{1}{\sqrt{r}}\frac{\partial E}{\partial r} - \frac{1}{4r\sqrt{r}}E$$

$$= \sqrt{r}\left(\frac{\partial^2 E}{\partial r^2} + \frac{1}{r}\frac{\partial E}{\partial r} - \frac{1}{4r^2}E\right)$$

これより，波動方程式の左辺は，

$$\frac{1}{r}\frac{\partial}{\partial r}\left(r\frac{\partial E}{\partial r}\right) = \frac{\partial^2 E}{\partial r^2} + \frac{1}{r}\frac{\partial E}{\partial r}$$

$$= \frac{1}{\sqrt{r}}\frac{\partial^2(\sqrt{r}E)}{\partial r^2} + \frac{E}{4r^2}$$

ここで，$r \gg 1$ という条件より，右辺の第 2 項を無視すれば，

$$\frac{\partial^2(\sqrt{r}E)}{\partial r^2} = \varepsilon_0\mu_0\frac{\partial^2(\sqrt{r}E)}{\partial t^2}$$

を得る。これは，$\sqrt{r}E$ に関する 1 次元の波動方程式だから，たとえば $\sqrt{r}E$ の 1 つの特殊解として指数関数の進行波 $E_0 e^{i(kr-\omega t)}$ を考えるなら，

$$\sqrt{r}E = E_0 e^{i(kr-\omega t)}$$

$$\therefore \quad E_z(r,t) = \boxed{\text{(b)}}$$

となり，たしかに $\dfrac{1}{\sqrt{r}}$ に比例する。

ひとこと 前問と同様，この場合のエネルギー密度は，波動が同心円状に拡がるから $\dfrac{1}{2\pi r}$ に比例し，整合性がとれている。

(a) $\varepsilon_0\mu_0\dfrac{\partial^2 H}{\partial t^2}$ (b) $\dfrac{1}{\sqrt{r}}E_0 e^{i(kr-\omega t)}$

> **演習問題 7-5** ★★★
>
> 真空中で波長と振幅の等しい進行波と後退波の電磁波が重なり合った。この合成波のポインティング・ベクトルはどのような振る舞いをするか考察せよ。

図7-18

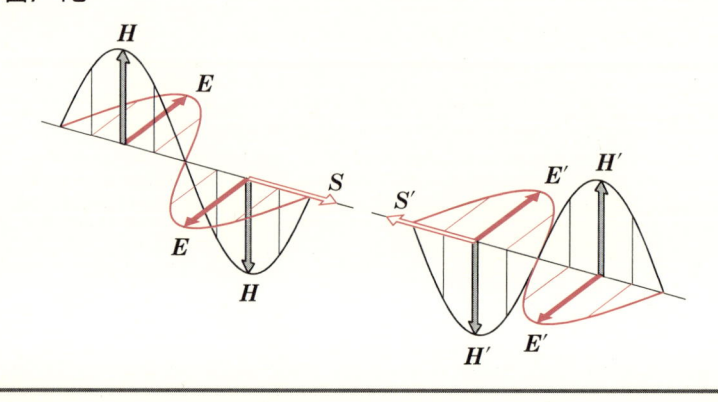

> **ヒント!** 電場と磁場を指数関数で表し，ポインティング・ベクトルの定義に従って計算すれば，時間もかからずスマートな答えを得ることができるが，それでは直感的イメージが湧きにくい。ここでは，泥くさく，電場と磁場を直接目に見える三角関数で表し，ポインティング・ベクトルだけではなく，合成波の電場と磁場の様子を見ることにしよう。
>
> ポインティング・ベクトルはエネルギーの流れであり，電磁波の進行方向を向いている。ところが，進行波と後退波の合成は定常波となり，どちらにも進まない波となる。このとき，ポインティング・ベクトルはどうなっているのか，これを直感的に理解しようという趣旨の問題である。

解答&解説 進行波の電場の大きさ E と磁場の大きさ H を次のようにおく。

$$E = E_0 \sin(kx - \omega t)$$
$$H = H_0 \sin(kx - \omega t)$$

ただし，電場と磁場は直交しており，ポインティング・ベクトル $S = E \times H$ だから，次図のように座標軸をとれば，E は y 方向に，H は z 方向に振動する（このとき，$E \times H$ はつねに x の正方向を向く）。

図7-19 進行波

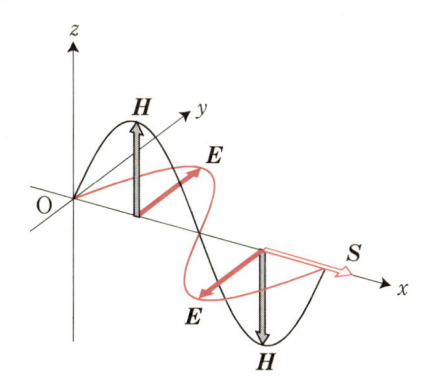

次に，後退波の電場 E' と磁場 H' は，$E' \times H'$ が x の負方向を向かねばならないから，次のようになる（E' を sin とするか，cos とするかは自由であるが，E' を決めれば H' の形は必然的に決まる）。

$$E' = E_0 \sin(kx + \omega t)$$
$$H' = -H_0 \sin(kx + \omega t)$$

図7-20 後退波

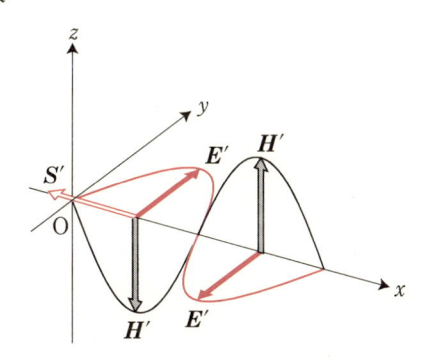

そこで，合成電場 E_+ は，

$$E_+ = E + E' = E_0\{\sin(kx - \omega t) + \sin(kx + \omega t)\}$$
$$= 2E_0 \sin kx \cdot \cos \omega t$$

これは，波長 $\lambda = \dfrac{2\pi}{k}$ として，$x = 0, \dfrac{\lambda}{2}, \lambda, \dfrac{3}{2}\lambda, \cdots$ を節とする定常波である。

合成磁場 H_+ は，
$$H_+ = H + H' = H_0\{\sin(kx-\omega t) - \sin(kx+\omega t)\}$$
$$= -2H_0 \cos kx \cdot \sin \omega t$$

これは，$x = \dfrac{\lambda}{4}, \dfrac{3}{4}\lambda, \dfrac{5}{4}\lambda, \cdots$ を節とする定常波である。

このように，電場 E_+ と磁場 H_+ の位相が $\dfrac{\pi}{2}$ ずれるところがポイントである。電場と磁場の時間的振動もまた位相が $\dfrac{\pi}{2}$ ずれていることを考慮して(すなわち，$\dfrac{1}{4}$ 周期ごとに，電場か磁場のどちらかが 0 になる)，$\dfrac{1}{8}\lambda$ あたりの電場と磁場の様子を図示すると次図のようになる。

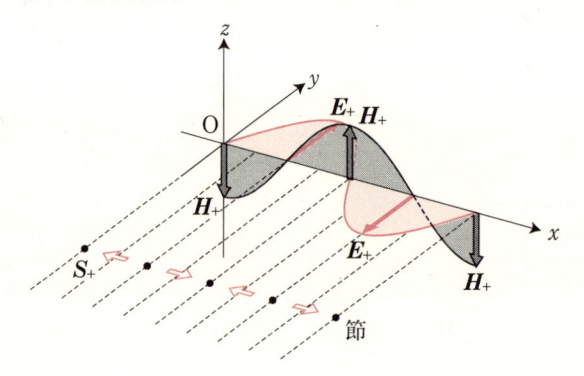

図7-21 ● ポインティング・ベクトル S_+ は節の間に閉じ込められて疎密波のように振る舞う。

合成ポインティング・ベクトルは，$\dfrac{1}{4}\lambda$ ごとに 0 となる節があり，その節をはさんだ両側は逆方向を向いている。これは縦波の疎密波と同じ振る舞いである。すなわち，節の位置にエネルギーが集まったり，拡散したりが周期的に起こっており，エネルギーは節と節の間に閉じ込められている。

ポインティング・ベクトルを式で表しておくと，進行波については，
$$S = E \times H = E_0 H_0 \sin^2(kx-\omega t)$$
で，つねに正方向を向いている。後退波については，
$$S' = E' \times H' = -E_0 H_0 \sin^2(kx+\omega t)$$
で，やはりつねに負方向を向いている。

図7-22 ● ポインティング・ベクトルのそれぞれの振る舞い

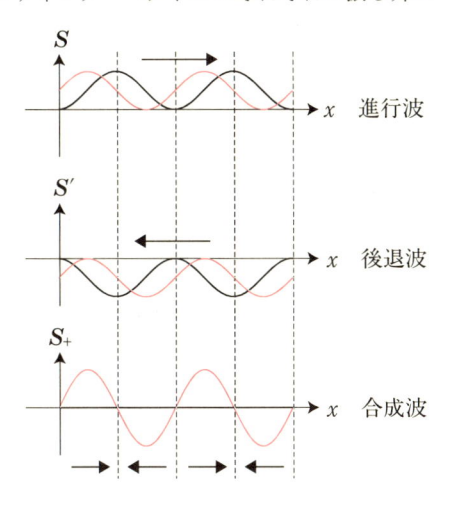

しかし，合成波のポインティング・ベクトルは，
$$S_+ = S + S' = E_0 H_0 \{\sin^2(kx-\omega t) - \sin^2(kx+\omega t)\}$$
$$= -E_0 H_0 \sin 2kx \cdot \sin 2\omega t$$
となり，正負の両方の値をとる。これが節の間で振動するポインティング・ベクトルの数式表現である。

演習問題 7-6 ★★★★☆

平面電磁波が，真空中から誘電率 ε，透磁率 μ の媒質の表面に垂直に入射するとき，電磁波の反射率および透過率を求めよ。ただし，反射率 r と透過率 t は次のように定義する。

$$r = \frac{反射電磁波のエネルギー流}{入射電磁波のエネルギー流}$$

$$t = \frac{透過電磁波のエネルギー流}{入射電磁波のエネルギー流}$$

ただし，エネルギー流とは単位時間に通過するエネルギー，すなわちポインティング・ベクトルの大きさ EH のことである。

また，媒質の表面での誘導電流はないものとする。

図7-23

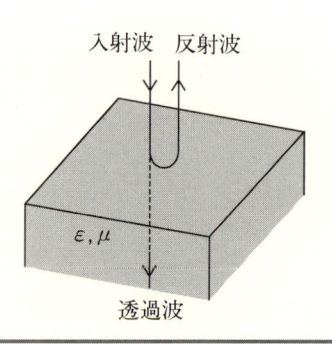

ヒント! 計算自体はさほどむずかしくないが，電磁波に関する基礎知識を押さえておかねばならない。すなわち，電場と磁場の方向性(ポインティング・ベクトルの向き)，電場と磁場のエネルギー密度は等しいこと(実習問題 7-3)，また境界面での電場と磁場の連続性，などである。

解答&解説 境界面での電場の向き，磁場の向き，電磁波のエネルギーの進行方向(ポインティング・ベクトルの向き)は，入射波(添字 0)，反射波(添字 r)，透過波(添字 t)で，それぞれで図のようにする。

図7-24● 反射波は H_r の向きが変わることに注意

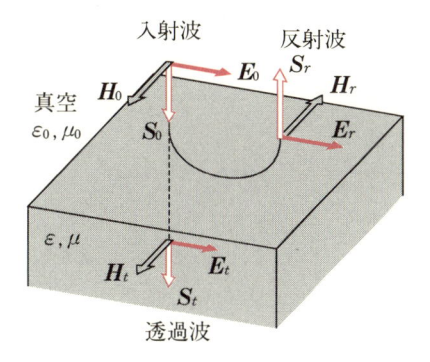

E から H へねじをひねったときねじの進む方向がエネルギーの進行方向である。その結果，電場の方向をすべてそろえると，磁場の方向が反射波についてだけ反転する。

境界面で，真空側の電場・磁場と媒質側の電場・磁場は連続しなければならないから(第3講)，

電場について：$E_0 + E_r = E_t$ ……①

磁場について：$H_0 - H_r = H_t$ ……②

実習問題 7-3 より，それぞれの電場，磁場において，

$$H = \sqrt{\frac{\varepsilon}{\mu}} E$$

の関係があるから，②式は次のようになる。

$$\sqrt{\frac{\varepsilon_0}{\mu_0}} E_0 - \sqrt{\frac{\varepsilon_0}{\mu_0}} E_r = \sqrt{\frac{\varepsilon}{\mu}} E_t \quad \cdots\cdots ③$$

上式において，入射波と反射波は真空中にあり，透過波は媒質中にあることに留意されたし。

①,③式を，E_r と E_t に関する連立方程式として解けば，

$$E_r = \frac{\sqrt{\frac{\varepsilon_0}{\mu_0}} - \sqrt{\frac{\varepsilon}{\mu}}}{\sqrt{\frac{\varepsilon_0}{\mu_0}} + \sqrt{\frac{\varepsilon}{\mu}}} E_0$$

$$E_t = \frac{2\sqrt{\frac{\varepsilon_0}{\mu_0}}}{\sqrt{\frac{\varepsilon_0}{\mu_0}} + \sqrt{\frac{\varepsilon}{\mu}}} E_0$$

よって，反射率 r は，

$$r = \frac{E_r H_r}{E_0 H_0}$$

$$= \frac{\sqrt{\frac{\varepsilon_0}{\mu_0}} E_r^2}{\sqrt{\frac{\varepsilon_0}{\mu_0}} E_0^2}$$

$$= \left(\frac{\sqrt{\frac{\varepsilon_0}{\mu_0}} - \sqrt{\frac{\varepsilon}{\mu}}}{\sqrt{\frac{\varepsilon_0}{\mu_0}} + \sqrt{\frac{\varepsilon}{\mu}}} \right)^2 \quad \cdots\cdots (答)$$

透過率 t は，

$$t = \frac{E_t H_t}{E_0 H_0}$$

$$= \frac{\sqrt{\frac{\varepsilon}{\mu}} E_t^2}{\sqrt{\frac{\varepsilon_0}{\mu_0}} E_0^2}$$

$$= \frac{4\sqrt{\frac{\varepsilon_0 \varepsilon}{\mu_0 \mu}}}{\left(\sqrt{\frac{\varepsilon_0}{\mu_0}} + \sqrt{\frac{\varepsilon}{\mu}} \right)^2} \quad \cdots\cdots (答)$$

> **実習問題 7-5** ★★★★★
>
> 誘電率 ε，透磁率 μ の平らで十分に広い金属板の表面を，角周波数 ω の交流電流が一様に流れている。このとき，金属板の内部に生じる電磁場は，金属表面からの距離によって指数関数的に減衰する。いま，金属内部の電流密度 i と電場 E の間にはオームの法則が成立し，この金属の電気伝導率を σ とすると，$i = \sigma E$ が成立する。このとき，金属内部の電場と磁場の大きさは，金属表面から距離 $\Delta l = \sqrt{\dfrac{2}{\omega \sigma \mu}}$ だけ内部に入ったときに $\dfrac{1}{e}$ に減少することを示せ。ただし，ω が大きくない場合には，$\dfrac{\omega \varepsilon}{\sigma} \ll 1$ が成立するものとする。
>
> **図7-25**

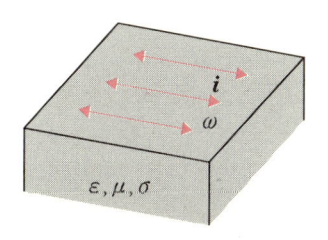

ヒント！ これまでは，真空中を伝播する電磁波ばかり扱ってきたが，最後に電荷が存在する物質内での電磁場の様子を調べる。この場合は，予想される通り，ふつうの波動方程式にはならない。直感的に，物質の内部では電磁波は減衰すると予想されるが，まさにその通りの結果が得られるであろう。

解法中，$\omega, \sigma, \mu, \varepsilon$ などの定数が係数に現れ，その大きさがイメージしにくいのはやむを得ない。おおよその見当として，SI 単位系におけるその数値を述べておくと，ω は 10^{10} 以下，σ は 10^7 程度，μ と ε は μ_0, ε_0 程度とすれば，μ は 10^{-6} 程度，ε は 10^{-12} 程度である。

解答＆解説 金属表面に x-y 平面をとり，金属内部に向けて z 軸をとる。交流電流は x 方向に流れるとすると，これまでと同様の考察によって，電場 E は x 成分だけ，磁場 H は y 成分だけをもつ。

図7-26 E は x 方向, H は y 方向を向き, かつ z 方向にだけ変化(減衰)する。

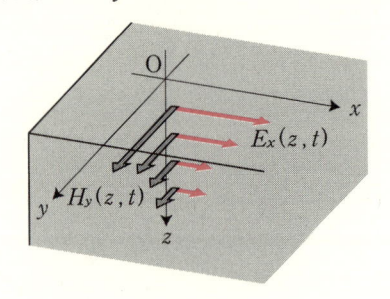

また対称性により, E と H は空間的には z のみの関数とみなしてよい。すなわち, $E_x(z,t)$ と $H_y(z,t)$ が求める電場, 磁場である。

マクスウェルの方程式,

$$\text{rot } \boldsymbol{E} = -\frac{\partial \boldsymbol{B}}{\partial t}$$

$$\text{rot } \boldsymbol{H} = \boldsymbol{i} + \frac{\partial \boldsymbol{D}}{\partial t}$$

を, E_x, H_y の成分について書けば,

$$\frac{\partial E_x(z,t)}{\partial z} = -\mu \frac{\partial H_y(z,t)}{\partial t} \quad \cdots\cdots ①$$

$$-\frac{\partial H_y(z,t)}{\partial z} = \sigma E_x(z,t) + \varepsilon \frac{\partial E_x(z,t)}{\partial t} \quad \cdots\cdots ②$$

E だけの方程式にするため, ①式を z で偏微分, ②式を t で偏微分して, H を消去すれば(E の添字などは省略して),

$$\frac{\partial^2 E}{\partial z^2} = \boxed{\text{(a)}} \quad \cdots\cdots (*)$$

右辺の第1項がなければ, 真空中の電磁波と同じ形の波動方程式であるが, 金属内には電流密度 i が存在するから, 当然そうはならない。

いま, 題意より, 電場 E は電流密度 i に比例するから,

$$E(z,t) = u(z)e^{j\omega t}$$

とおいてみる。$j=\sqrt{-1}$ である(電流 i と混同しないように, j とする)。$u(z)$ は金属表面からの距離に関係する電場の形で, これがわれわれの求めるものである。この式を上の偏微分方程式に代入して整理すれば,

$$\frac{d^2 u(z)}{dz^2} + \omega\mu(\omega\varepsilon - j\sigma)u(z) = 0$$

ここで，$\omega\varepsilon \ll \sigma$ とすれば，$\omega\varepsilon$ の項は無視できるから，

$$\frac{d^2 u(z)}{dz^2} - j\omega\sigma\mu u(z) = 0$$

これは典型的な線形微分方程式で，力学でも減衰振動などでおなじみのものである。

$u(z) = E_0 e^{(p+jq)z}$ (p, q は実数) とおいて，上式に代入すれば，

$$(p+jq)^2 - j\omega\sigma\mu = 0$$

変形して，

$$(p^2 - q^2) + j(2pq - \omega\sigma\mu) = 0$$

上式をみたす実数 p, q の値は，

$$p = q = \boxed{(b)}$$

であるが，電場が指数関数的に増大するような解は有り得ないから，

$$p = q = -\sqrt{\frac{\omega\sigma\mu}{2}} = -\frac{1}{\varDelta l}$$

以上をまとめれば，

$$E_x(z, t) = \boxed{(c)}$$

最後の項は，通常の進行波である。$e^{-\frac{z}{\varDelta l}}$ の項が減衰項で，$z = \varDelta l$ の深さで，電場は $\frac{1}{e}$ に減衰することが分かる。

ひとこと ここでは，磁場 H の解は求めなかったが，真空の電磁波と同様に磁場についても同様の解が求められる。ただし，電流密度 i があるため，磁場の位相は電場の位相と一致せず $\frac{\pi}{4}$ だけ遅れる。

途中，式(＊)は**電信方程式**と呼ばれ，抵抗などで減衰を伴う場合の波動方程式として有名である。

(a) $\sigma\mu\dfrac{\partial E}{\partial t} + \varepsilon\mu\dfrac{\partial^2 E}{\partial t^2}$ (b) $\pm\sqrt{\dfrac{\omega\sigma\mu}{2}}$ (c) $E_0 e^{-\frac{z}{\varDelta l}} e^{j(\omega t - \frac{z}{\varDelta l})}$

APPENDIX 付録

やさしい数学の手引き

　物理学にとって数学は欠かせない「道具」である。大工さんにとって，金槌やノコギリが命の次に大事なものであるように，物理の勉強をする者にとって，数学は物理の次に大事なものである。しかし，大工さんの目的が，大工道具を磨くことではなく，家を建てることであるように，物理を学ぶ者の目的は，数式をひねくり回すことではなく，自然法則をイメージをもって理解することである。

　物理学の立場からの数学の考え方については，『電磁気学ノート』の付録や『物理数学ノート』をはじめ，〈単位が取れる〉シリーズの付録に，繰り返し述べてきたので，そちらも参考にして頂きたい。本書は演習書なので，道具としてすぐに使える数学の「覚え書き」といった感じで，必須の数学的知識を列挙することにする。

◆付録1　三角関数と指数関数

三角関数の主要公式

　図A1-1● $\sin\theta$，$\cos\theta$ は長さ1の回転する針の影である。

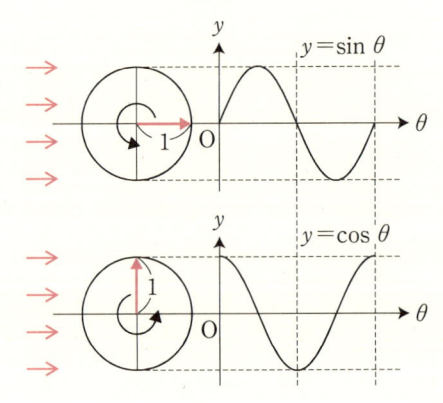

$\sin\theta$ と $\cos\theta$ の位相関係は，暗記するのではなく図の「回転する針」を描いて，自由自在に書けるようにしておきたい．たとえば，

$$\sin\left(\theta+\frac{\pi}{2}\right) = \cos\theta$$

$$\sin\left(\theta-\frac{\pi}{2}\right) = -\cos\theta$$

$$\sin(\theta\pm\pi) = -\sin\theta \quad \cdots\cdots 等々$$

図A1-2 ● $\sin\theta$ は奇関数，$\cos\theta$ は偶関数

$\sin(-\theta)=-\sin\theta$ $\cos(-\theta)=\cos\theta$

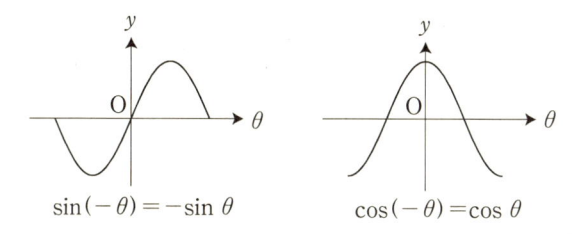

また，$\sin\theta$ は奇関数，$\cos\theta$ は偶関数であることも，図からイメージしておこう．その結果，

$$\sin(-\theta) = -\sin\theta$$
$$\cos(-\theta) = \cos\theta$$

次の公式は証明はたやすいが，ともかく覚えておくこと．

$$\sin^2\theta + \cos^2\theta = 1$$

このことと $\tan\theta = \dfrac{\sin\theta}{\cos\theta}$ から，そう頻繁に使うわけではないが，次のような公式もすぐ出てくる．

$$1+\tan^2\theta = \frac{1}{\cos^2\theta}$$

加法定理は，次の2つを覚えておけば十分である．

$$\sin(\alpha+\beta) = \sin\alpha\cos\beta + \cos\alpha\sin\beta$$
$$\cos(\alpha+\beta) = \cos\alpha\cos\beta - \sin\alpha\sin\beta$$

β を $-\beta$ にしたときは，$\sin$ の奇関数，$\cos$ の偶関数から容易に次を導ける．

$$\sin(\alpha-\beta) = \sin\alpha\cos\beta - \cos\alpha\sin\beta$$
$$\cos(\alpha-\beta) = \cos\alpha\cos\beta + \sin\alpha\sin\beta$$

加法定理を使えば，次の倍角の公式が導けるが，物理では加法定理よりもこちらの方がよく出てくる。

$$\sin 2\theta = 2\sin\theta\cos\theta$$
$$\cos 2\theta = \cos^2\theta - \sin^2\theta$$
$$= 1 - 2\sin^2\theta = 2\cos^2\theta - 1$$

また，これを逆にすれば，

$$\cos^2\theta = \frac{1+\cos 2\theta}{2}$$
$$\sin^2\theta = \frac{1-\cos 2\theta}{2}$$

上式を使えば，三角関数の 2 次以上の次数を 1 次に落とすことができる。これは積分のときになかなか有効である。

指数と対数

指数・対数は，三角関数同様，大学物理にとって必須であるが，要は慣れである。

指数・対数を扱う場合，ふつう自然対数の底 e を用いる。e の定義，なぜ e なのかは『物理数学ノート』(13 ページなど)を参照して頂きたい。

図A1-3● e^x と $\log x$ の関数

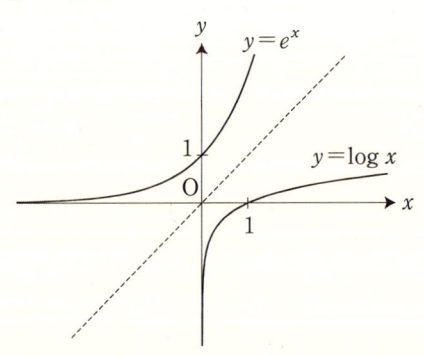

指数と対数は逆関数の関係にある。すなわち，

$$y = e^x$$
$$y = \log x \quad (x>0)$$

(logの底 e は，ふつう書かないで省略する。10を底とする場合と区別するため，logの代わりに ln と書くこともある。)

上式において，e^x は x の正負にかかわらず，必ず正である。それゆえ，$\log x$ の x は正でしか定義できない。そこで，x が負になる可能性がある場合には，

$$y = \log |x|$$

と書くことになる。

$$\log x + \log y = \log xy$$
$$\log x - \log y = \frac{\log x}{\log y}$$
$$-\log x = \log \frac{1}{x}$$

なども定義より明らか。要は慣れること。

指数と三角関数の関係

物理では，振動現象が頻出するが，それはふつう三角関数または指数関数で表される。その基本には次の重要な関係がある。$i=\sqrt{-1}$ として，

$$e^{i\theta} = \cos \theta + i \sin \theta$$

これは図形的には，複素平面を使って簡単に理解できる。

図A1-4● 複素平面における $e^{i\theta}=\cos \theta + i \sin \theta$

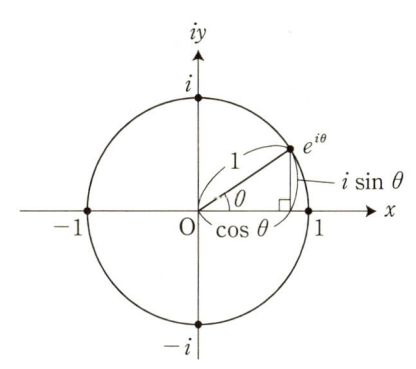

図より，
$$e^{i\frac{\pi}{2}} = i$$
$$e^{i\pi} = -1$$
などであることが分かる。

　本書で扱った電磁気学など，古典物理学では，指数関数を使うか三角関数を使うかは，便宜的なことである。指数関数を使うと針の回転のイメージが明瞭になるので，慣れるとこちらを使いたくなるが，そのときでも，じっさいに測定される物理量は，実数部分をとることになる。

　量子力学では，複素表現そのものが法則のなかに現れてくる。

●電磁気学を創った人々

ローレンツ(1853-1928)

◆付録2　微分

微分の意味については，〈単位が取れる〉シリーズで何度も触れたので，ここでは詳しく述べない。押さえておくべきポイントは，

- (ふつうの連続した関数は)どのような曲線であれ，微小な部分を見れば直線である。
- それを数式の言葉でいうなら，微小な量 Δx を扱うときには，$(\Delta x)^2$ 以上の高次な微小量は無視する。
- $\dfrac{dy}{dx}$ は，ただの分数$\left(\text{たとえば}\dfrac{a}{b}\right)$と同じように扱えばよい。

基本的な関数の微分係数(導関数)は，すらすら出てくるように練習しておく必要がある。以下の通り。

関数	微分係数(導関数)
x^a	ax^{a-1}
e^x	e^x
$\sin x$	$\cos x$
$\cos x$	$-\sin x$
$\tan x$	$\dfrac{1}{\cos^2 x}$
$\log x$	$\dfrac{1}{x}\quad (x>0)$

微分のテクニックとして，次の公式は必須(簡便のため，微分を「′」で表す)。

積の微分公式

$$(fg)' = f'g + fg'$$

これを使えば，分数式については，

$$\left(\frac{f}{g}\right)' = \frac{f'g - fg'}{g^2}$$

上述の $\tan x$ の微分は，この公式を $\dfrac{\sin x}{\cos x}$ に適用して出てくる。

合成関数の微分

微分記号 $\dfrac{dy}{dx}$ が，ただの分数であることを使えば，

$$\frac{dy}{dx} = \frac{dy}{dt} \cdot \frac{dt}{dx}$$

である。式だけ見れば記号遊びのように見えるが，この公式はきわめて有用。たとえば，

$$\sin 2x$$

の微分は，

$$2x = t$$

とおけば，

$$y = \sin t$$

として，

$$\frac{dy}{dt} = \cos t$$

$t=2x$ だから，$\dfrac{dt}{dx}=2$。よって，

$$\frac{dy}{dx} = \frac{dy}{dt} \cdot \frac{dt}{dx} = (\cos t) \times 2$$

となって，けっきょく，

$$\frac{d(\sin 2x)}{dx} = 2\cos 2x$$

となる。この公式はしばしば使うので，いちいち公式に戻るまでもないようにしておきたい。

◆付録3　積分

　積分は微分の逆操作というのは数学的には少々乱暴な言い方で正確ではないが，物理の道具としては，そのように捉えておいて十分である。

　ある関数の微分係数を求めることは手順に則れば自動的にできるが，その逆に積分する(原始関数を求める)ことは，関数の形によってはちょっとむずかしい。以下にぜひ知っておくべき基本的な関数を挙げておく。

関数	原始関数(不定積分)
容易に導けるもの	
x^a　$(a \neq -1)$	$\dfrac{x^{a+1}}{a+1}$
$\dfrac{1}{x}$　$(x \neq 0)$	$\log |x|$
e^x	e^x
$\sin x$	$-\cos x$
$\cos x$	$\sin x$
一見分かりにくいが比較的単純なもの——原始関数を微分して確かめるとよい	
$\dfrac{1}{\cos^2 x}$	$\tan x$
$\dfrac{1}{\sin^2 x}$	$-\cot x$
$\tan x$	$-\log |\cos x|$
$\cot x$	$\log |\sin x|$
$\dfrac{1}{1+x^2}$	$\arctan x$
$\dfrac{1}{1-x^2}$　$(x \neq \pm 1)$	$\dfrac{1}{2}\log \left|\dfrac{1+x}{1-x}\right|$
$\dfrac{1}{\sqrt{1+x^2}}$	$\log(x+\sqrt{1+x^2})$
$\dfrac{1}{\sqrt{1-x^2}}$　$(|x|<1)$	$\arcsin x$

前記のなかで，$1+x^2$ の項があるものは，$x=\tan\theta$ などの置き換えをしてみると簡単になることが多い（下記，置換積分法参照）。

図A1-5 ● $x=\tan\theta$ とおくとうまくいく。

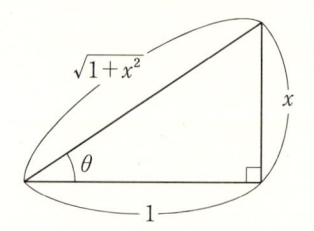

その理由は，上図のように $\sqrt{1+x^2}$ が直角三角形の斜辺の長さになるからである。

$1+x^2$ ではなく，a^2+x^2 のような形でも，$x' = \dfrac{x}{a}$ などの置き換えで簡単に $1+x^2$ に還元できる。

積分の基本テクニックとしては，置換積分法と部分積分法の2つがある。

置換積分法

$$\int_a^b f(x)\,dx$$

が簡単に求められないとき，x を適当な t の関数，

$$x = \phi(t)$$

と置き換える。このとき，x の範囲が $a \to b$ に対応して，t の範囲が $\alpha \to \beta$ になることを確認しておく。

$$dx = \phi'(t)dt$$

だから，$f(x)$ を t の関数に書き直して，

$$\int_a^b f(x)\,dx = \int_\alpha^\beta f(\phi(t))\phi'(t)\,dt$$

となり，t の積分になる。式の上からは何の利点も感じられないが，置き換えをうまくやればむずかしい積分が非常に簡単な積分に変換されてしまう。ぜひ知っておくべきテクニックである。

部分積分法

これも理屈は簡単だが，うまく使えばきわめて有効。

微分法における積の微分を積分に応用したものである。
$$(f \cdot g)' = f' \cdot g + f \cdot g'$$
を積分すれば，
$$f \cdot g = \int f' \cdot g \, dx + \int f \cdot g' \, dx$$
これを移項して，

$$\int f' \cdot g \, dx = f \cdot g - \int f \cdot g' \, dx$$

たとえば，$x^n \times \sin^n x$（または $x^n \times \cos^n x$）という形の関数は，すべてこの部分積分法で簡単な積分に帰着できる。

［例］
$$\int x \sin x \, dx$$
$f = -\cos x, \ g = x$ とすると
$$= -x \cos x - \int (-\cos x) \, dx$$
$$= -x \cos x + \sin x$$

◆付録4　偏微分

物理に現れる物理量は，一般に位置(x, y, z)，時間(t)とともに変化するから，多変数関数である。それゆえ数学的には偏微分の知識が必要となる。

とはいえ，1変数の微分に比べて，変数が多い分だけ複雑というだけで，考え方は微分とまったく同じである。2変数関数，

$$z = f(x, y)$$

を考える。このとき，zのxに関する偏微分，

$$\frac{\partial z}{\partial x}$$

とは，yを固定しておいて(ということは，yを定数とみなして)xで微分するということである。

図A1-6● $y = y_0$と固定して，傾きを調べる。

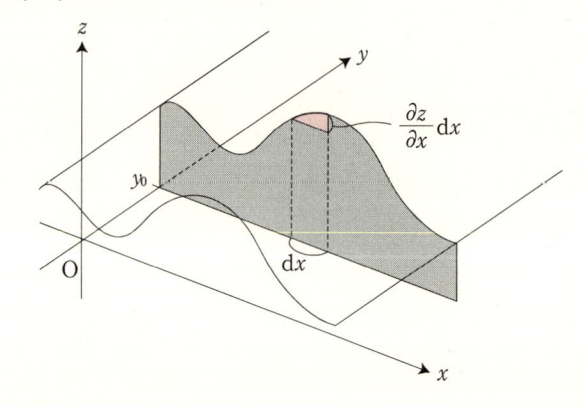

これは図形的には，曲面zのあるy(=一定)において，x方向の傾きを求めるということである。そこで，$\frac{\partial z}{\partial x}$は，1変数の微分と同じグラフの傾きを表すが，約・束・事・と・し・て・，∂zや∂xを単独の数としては扱わない。

たとえば，1変数の微分の場合，

$$\frac{dy}{dx} = f(x)$$

であるなら，これを分数のように扱って，
$$dy = f(x)\,dx$$
と書けた。しかし，
$$\frac{\partial z}{\partial x} = f(x,y)$$
のとき，
$$\partial z = f(x,y)\,\partial x$$
と書いてはいけない。$\frac{\partial z}{\partial x}$ は，1つの記号であって，分離してはいけないのである。では，z の x 方向の変化はどう書くかというと，
$$\frac{\partial z}{\partial x}\,dx = f(x,y)\,dx$$
と書くのである。記号 dx は偏微分ではないので，使い方はふつうの数のように自由自在である。

では，記号 dz は何かといえば，x は dx 変化し，y は dy 変化し，というふうに変数がすべて変化したときの z の変化分である。これを z の**全微分**と呼ぶ。そして，次の重要な公式が成立する。
$$dz = \frac{\partial z}{\partial x}\,dx + \frac{\partial z}{\partial y}\,dy$$

この式の直感的イメージについては，『電磁気学ノート』はじめ〈単位が取れる〉シリーズの付録に何度も図示したので，それを参照して頂きたい。微分の基本的考え方である微小部分ではすべて直線状になるということを諒解すれば，上の式も素直に納得できるのではなかろうか。

関数 u が，x, y, z の3変数の関数であるときには次式になることも明らかである。

$$du = \frac{\partial u}{\partial x}\,dx + \frac{\partial u}{\partial y}\,dy + \frac{\partial u}{\partial z}\,dz$$

◆付録5 ベクトルの内積と外積

　ベクトル，ベクトルの内積(スカラー積)，ベクトルの外積(ベクトル積)などは，すべて物理学の道具として考案されたものである。それゆえ，当然のことながらそれらの量には物理的な意味がある。

　たとえば，仕事は力と移動距離の内積であるが，それは移動距離と移動に寄与する力の成分の積として理解できる。また，力のモーメントは，腕の長さと力の外積であるが，それは腕の長さと力の回転に寄与する成分の積として理解できる。

図A1-7● 内積と外積の物理的意味

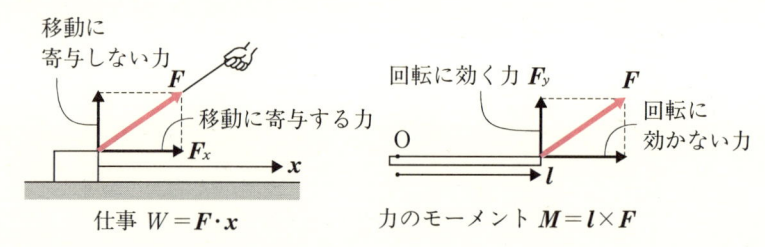

仕事 $W = \boldsymbol{F} \cdot \boldsymbol{x}$　　力のモーメント $M = \boldsymbol{l} \times \boldsymbol{F}$

　ベクトル $\boldsymbol{A}$ とベクトル $\boldsymbol{B}$ のデカルト座標成分をそれぞれ，$A_x, A_y, A_z, B_x, B_y, B_z$ とすれば，

$$内積：\boldsymbol{A} \cdot \boldsymbol{B} = A_x B_x + A_y B_y + A_z B_z$$

$$外積：(\boldsymbol{A} \times \boldsymbol{B})_x = A_y B_z - A_z B_y$$

$$(\boldsymbol{A} \times \boldsymbol{B})_y = A_z B_x - A_x B_z$$

$$(\boldsymbol{A} \times \boldsymbol{B})_z = A_x B_y - A_y B_x$$

図A1-8● 単位ベクトルの内積と外積

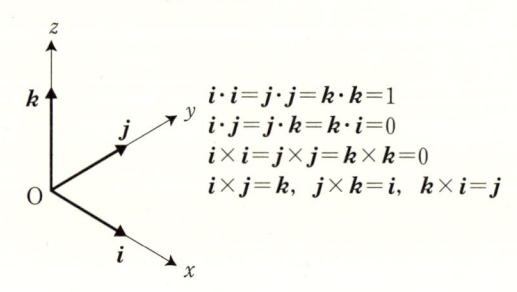

$$\boldsymbol{i} \cdot \boldsymbol{i} = \boldsymbol{j} \cdot \boldsymbol{j} = \boldsymbol{k} \cdot \boldsymbol{k} = 1$$
$$\boldsymbol{i} \cdot \boldsymbol{j} = \boldsymbol{j} \cdot \boldsymbol{k} = \boldsymbol{k} \cdot \boldsymbol{i} = 0$$
$$\boldsymbol{i} \times \boldsymbol{i} = \boldsymbol{j} \times \boldsymbol{j} = \boldsymbol{k} \times \boldsymbol{k} = 0$$
$$\boldsymbol{i} \times \boldsymbol{j} = \boldsymbol{k}, \quad \boldsymbol{j} \times \boldsymbol{k} = \boldsymbol{i}, \quad \boldsymbol{k} \times \boldsymbol{i} = \boldsymbol{j}$$

以上の導出および物理的イメージは，たとえば『物理数学ノート』のベクトル解析の章などを参照して頂きたいが，3つの単位ベクトル i, j, k の内積，外積について考えれば非常に分かりやすい(前図)。

●電磁気学を創った人々

ヘルツ(1857-1894)

◆付録6　微分演算子

　電磁気学では，「傾斜(勾配)」(grad)，「発散」(div)，「回転」(rot) という考え方が，非常に重要な要素を占める。それぞれの物理的意味は異なるが，まとめていってしまえば，この3つの概念はすべて「傾き」のことである。

図A1-9● grad も div も rot も変化率

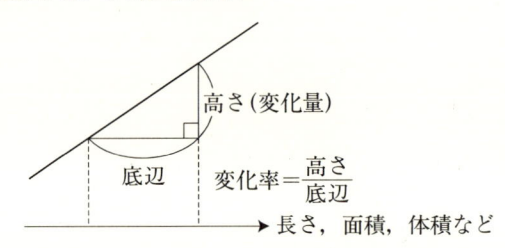

$$\text{変化率} = \frac{\text{高さ}}{\text{底辺}}$$

（高さ(変化量)／底辺／長さ，面積，体積など）

　「傾き＝高さ／底辺」であるが，底辺を長さ(空間)にとれば，その物理量の単位長さあたりの変化率ということになる。つまり，grad, div, rot は，電場や磁場が空間的にどのように変化しているかを示すものである。

　電場や磁場は空間の各点各点(x, y, z)に存在するものだから，この「傾き」(＝変化率)は，底辺の長さを空間の1点へと極限的に小さくしなければならない。すなわち，微分である。さらに，空間はx, y, zの3次元であるから，偏微分ということになる。

「傾斜」grad

　電位は，地図の等高線のようなもので，空間の各点各点に高さがあり，それが(特異点を除き)連続的に変化して，3次元の曲面をなしている。もちろんスカラー量である。

　この曲面の傾きは，大きさと方向をもったベクトルである。起伏に富んだゴルフ場の芝にボールを置くと，ボールは最大傾斜の方向に動き，傾きが大きいほど速く転がる。この傾斜こそが grad である(ついでに

いえば，物理的には，それが電場ベクトルに相当する)。

それを式で表せば，電位を ϕ として，

$$\operatorname{grad} \phi = \frac{\partial \phi}{\partial x}\boldsymbol{i} + \frac{\partial \phi}{\partial y}\boldsymbol{j} + \frac{\partial \phi}{\partial z}\boldsymbol{k}$$

となる($\boldsymbol{i}, \boldsymbol{j}, \boldsymbol{k}$は，$x, y, z$方向の単位ベクトル)。

ここで，「ちゅうぶらりん」の演算子，

$$\nabla = \left(\frac{\partial}{\partial x}\boldsymbol{i}, \frac{\partial}{\partial y}\boldsymbol{j}, \frac{\partial}{\partial z}\boldsymbol{k}\right)$$

なるものを導入すると，中身はまったく同じなのだが，表記上，簡単で少しカッコよくなる。すなわち，たとえば，

$$\boldsymbol{E} = -\nabla \phi$$

などと書くわけである(マイナスをつけるのは便宜的な理由)。

「発散」div

div は，単位体積あたりの湧き出し量である。

空間の1点から，打ち出の小槌の液体版のようなもので，何かが溢れ出している状況を想像する。表面から何かが溢れるとは，そのものの動きは表面に直角でなければならない(表面に平行に動くものは，溢れるとはいわない)。そこで，溢れ出すものの流れをベクトルと捉え，ベクトルの表面に垂直な成分だけを溢れ出しとみなす。すなわち，表面に垂直な方向に法線単位ベクトル $\boldsymbol{n}$ を考えれば，溢れ出しの量は2つのベクトルの内積となる。溢れ出しだから，当然，その1点を完全に取り囲む閉曲面を考えなければならない。そこで，「溢れ出しの量全体／閉曲面の全表面積」とすれば，単位体積あたりの溢れ出し量となり，これも一種の変化率あるいは傾きにほかならない。ただし，この量はスカラーである。これが div である。

そこで，たとえば電場 $\boldsymbol{E}$ の「発散」とは，

$$\operatorname{div} \boldsymbol{E} = \nabla \cdot \boldsymbol{E} = \frac{\partial E_x}{\partial x} + \frac{\partial E_y}{\partial y} + \frac{\partial E_z}{\partial z}$$

となる。

　上式の詳しい，かつ直感的導出は，『電磁気学ノート』付録を参照のこと。

「回転」rot

　rot は，単位面積あたりの回転量である。

　力学のモーメントと同じように，回転には回転軸という方向性があるから，rot は div と違ってベクトルである。このとき約束事として，右ねじを想定し，ねじを回す面に対し垂直で，ねじの進む方向を，rot ベクトルの向きと決める。

　単位面積あたり，という考え方だから，これもやはり変化率である。そして，回転だから，ベクトルの外積をつくるということになる。よって，たとえば磁場 H の「回転」とは，

$$\text{rot } \boldsymbol{H} = \nabla \times \boldsymbol{H}$$

$$x \text{ 成分}: \frac{\partial H_z}{\partial y} - \frac{\partial H_y}{\partial z}$$

$$y \text{ 成分}: \frac{\partial H_x}{\partial z} - \frac{\partial H_z}{\partial x}$$

$$z \text{ 成分}: \frac{\partial H_y}{\partial x} - \frac{\partial H_x}{\partial y}$$

となる。

　上式の詳しい，かつ直感的導出は，『電磁気学ノート』付録を参照のこと。

◆付録7　円筒座標系と球座標系

　これまでは，空間の各点を表すのにデカルト座標系(x, y, z)を用いてきた。しかし，点状の電荷や直線状の電流という場合には，その対称性から，デカルト座標よりは円筒座標系，球座標系を用いた方が見通しがよい。こうして，円筒座標系(r, θ, z)，球座標系(r, θ, φ)を導入することになるのだが，このことにより式は複雑になることが多い。とくに，微分演算子∇についてはそうである。

　その複雑さの原因は何かといえば，円筒座標系と球座標系では，マクロ的に見ると座標軸が曲線を描いていることによる。

　微小な領域で見れば，円筒座標系と球座標系がつくる微小体積要素は，デカルト座標系と同じ直方体である。つまり，この3つの座標系は，いずれも直交座標系である。

　しかし，微小体積要素の3辺の長さは，

　　　　円筒座標系：$\mathrm{d}r \times r\mathrm{d}\theta \times \mathrm{d}z$

　　　　球　座　標　系：$\mathrm{d}r \times r\mathrm{d}\theta \times r\sin\theta\mathrm{d}\varphi$

というふうに，マクロな量であるrや$\sin\theta$が忍び込んでいるため，デカルト座標のように単純素朴にはいかないのである。

　これらの座標系による微分演算子∇の具体的表記については，本文の問題で扱っているので，そちらを参照して頂きたい。

　ここでは，あまり直感的とはいえないが，直交座標系一般に使える公式を紹介しておこう。いざというときには，機械的に書けて便利である。

図A1-10●直交座標系の一般化

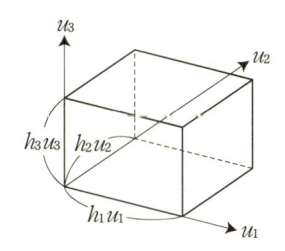

図のように，ある直交座標系 (u_1, u_2, u_3) の微小体積要素の3辺の長さを，それぞれ，$h_1 u_1, h_2 u_2, h_3 u_3$ とすると，

$$\mathrm{grad}\,\phi = \left(\frac{1}{h_1}\frac{\partial \phi}{\partial u_1},\ \frac{1}{h_2}\frac{\partial \phi}{\partial u_2},\ \frac{1}{h_3}\frac{\partial \phi}{\partial u_3}\right)$$

$$\mathrm{div}\,\boldsymbol{A} = \frac{1}{h_1 h_2 h_3}\left\{\frac{\partial}{\partial u_1}(h_2 h_3 A_1) + \frac{\partial}{\partial u_2}(h_3 h_1 A_2) + \frac{\partial}{\partial u_3}(h_1 h_2 A_3)\right\}$$

$$(\mathrm{rot}\,\boldsymbol{A})_{u_1} = \frac{1}{h_2 h_3}\left\{\frac{\partial}{\partial u_2}(h_3 A_3) - \frac{\partial}{\partial u_3}(h_2 A_2)\right\}$$

$$(\mathrm{rot}\,\boldsymbol{A})_{u_2} = \frac{1}{h_3 h_1}\left\{\frac{\partial}{\partial u_3}(h_1 A_1) - \frac{\partial}{\partial u_1}(h_3 A_3)\right\}$$

$$(\mathrm{rot}\,\boldsymbol{A})_{u_3} = \frac{1}{h_1 h_2}\left\{\frac{\partial}{\partial u_1}(h_2 A_2) - \frac{\partial}{\partial u_2}(h_1 A_1)\right\}$$

デカルト座標系，円筒座標系，球座標系にそれぞれあてはめて，本文と同じ結果が得られるかぜひ試してほしい。

●電磁気学を創った人々

アインシュタイン (1879-1955)

◆付録 8　波動方程式

　物理の問題の多くは，微小部分で成立する物理的関係(dx, dy, dz, dt に関する関係)を式にする。これが微分方程式(変数が複数なら偏微分方程式)である。この微分方程式を解く，すなわち x, y, z, t に関して微小部分ではなく，マクロな拡がりをもった関係式が得られれば，それが解ということになる。ここには，必ず積分という操作が絡んでくる。

　ここでは，電磁気学で導かれる電磁波の波動方程式について，簡単に解説しておこう(そして，波動方程式は，電磁気学だけではなく，物理学のさまざまな分野においてしばしば登場する。物理学においてもっとも重要な微分方程式といえるだろう)。

　まず，マクスウェルの方程式から，なぜ波動方程式が出てくるのかを，ごく簡単に見てみよう(詳しくは『電磁気学ノート』192 ページ参照)。

　真空中のマクスウェルの方程式で，回転に関係するものを書くと，

$$\mathrm{rot}\,\boldsymbol{E} = -\frac{\partial \boldsymbol{B}}{\partial t} \quad \cdots\cdots ①$$

$$\mathrm{rot}\,\boldsymbol{H} = \frac{\partial \boldsymbol{D}}{\partial t} \quad \cdots\cdots ②$$

である。これは，時間変化する磁場は回転する電場を生み，電場の時間変化は回転する磁場を生む，という式で，直感的にいえば，電場が磁場を，磁場が電場を，と次々に電場と磁場が生成されることを表している。これをもう少し数学的に考えて，①式のさらに回転をとると，

$$\mathrm{rot}(\mathrm{rot}\,\boldsymbol{E}) = -\mu_0 \frac{\partial}{\partial t}(\mathrm{rot}\,\boldsymbol{H})$$

右辺に②式を代入して，

$$\mathrm{rot}(\mathrm{rot}\,\boldsymbol{E}) = -\varepsilon_0 \mu_0 \frac{\partial}{\partial t}\left(\frac{\partial \boldsymbol{E}}{\partial t}\right)$$

左辺は回転の回転という分かりにくい量であるが，変化の変化で，空間に関する 2 階微分である。一方，右辺は時間に関する 2 階微分である。

　左辺の変形の詳細はここでは略すが，真空中だから $\mathrm{div}\,\boldsymbol{E} = 0$ とみなせば，最終的に，

$$\nabla^2 \boldsymbol{E} = \varepsilon_0 \mu_0 \frac{\partial^2 \boldsymbol{E}}{\partial t^2}$$

を得る。これが，(3次元の)波動方程式である。定数係数 $\varepsilon_0\mu_0$ は，この波の速さを c として，$\frac{1}{c^2}$ に相当することが，波動方程式を解く過程で分かる。この方程式の解として，指数関数や三角関数が適することは明らかである。

上式はベクトル式であるが，成分に分解すれば1次元の波動方程式に還元できる(ただし，球座標表現などにすると，方程式はかなり複雑なものとなり，簡単には解けない。それについては『量子力学ノート』を参照して頂きたい)。

一般に，1次元の波動方程式は，スカラー量 $u(x,t)$ について，

$$\frac{\partial^2 u}{\partial x^2} = \frac{1}{c^2} \frac{\partial^2 u}{\partial t^2}$$

と書けるが，この一般解は，f, g を任意の形の関数として(ただし，連続，2階微分可能)，

$$u = f(x-ct) + g(x+ct)$$

であることは，本文で見た通りである。大学初年級での波動方程式の理解としては，以上のようなことでほぼ十分であろう。

最後にひとこと。さまざまな数学の記述，計算も，けっきょくは慣れである。それは小学校の九九からはじまる積み重ねであり，九九がやさしくて波動方程式がむずかしいということでもない。それぞれが一歩一歩の階段であり，少しずつの努力と慣れで身についていくものである。

筆者は，数学については素人だから偉そうなことは何もいえないが，こうして数学的世界に少しずつ親しんでいくと，やがて数学そのものの面白さというものも見えてくるであろう。そうなると，複雑難解な数式も，有能な指揮者にとっての交響曲のように，一望のもとに理解し楽しめるということになるのだと思う。

物理も数学も，さらには音楽，芸術も，すべては人間の洗練された知的「遊戯」なのである。

◆付録9　定数表

電磁気学に登場する(および関連する)，おもな定数の値を挙げておく。練習で解く問題に細かい数値は必要ないだろうから，煩雑さを避けるため有効数字3桁までとする。必要な場合は，別途，適当な事典類を参照頂きたい。

真空中の光の速さ	$c = 3.00 \times 10^8$ [m/s]
電気素量（素電荷）	$e = 1.60 \times 10^{-19}$ [C]
真空の誘電率	$\varepsilon_0 = 8.85 \times 10^{-12}$ [F/m]
真空の透磁率	$\mu_0 = 4\pi \times 10^{-7} = 1.26 \times 10^{-6}$ [H/m]
プランク定数	$h = 6.63 \times 10^{-34}$ [J·s]
万有引力定数	$G = 6.67 \times 10^{-11}$ [m³/s²·kg]
電子の静止質量	$m_e = 9.11 \times 10^{-31}$ [kg]
陽子の静止質量	$m_P = 1.67 \times 10^{-27}$ [kg]
気体定数	$R = 8.31$ [J/mol·K]
アヴォガドロ定数	$N_A = 6.02 \times 10^{23}$ [/mol]
ボルツマン定数	$k = 1.38 \times 10^{-23}$ [J/K]

索引 INDEX

ア

アヴォガドロ定数　13, 233
アンペアの定義　121
アンペールの法則　92, 102, 164
アンペールの法則†　102, 164
位置エネルギー　8
一般解　189
動く荷電粒子　120
エネルギー密度　99, 139
　静電——　36, 53
　電磁波における電場の——　195
　電磁波の——　182
エネルギー密度＊　195
エネルギー流　206
エネルギー流＊　206
円形コイル　168
円形電流　95, 105, 110
円筒形の導体　46
円筒形の導体＊　46
円筒座標　88, 174, 200, 229
円筒座標＊　174, 200

カ

外積(ベクトル積)　224
回転(rot)　114, 143, 228
回転＊　114, 143, 174
回路＊　171
ガウスの法則　10, 25, 28, 38, 39, 44,
　46, 48, 53, 56, 60, 89
　磁場における——　137
ガウスの法則†　25, 28, 37, 39, 44, 46,
　48, 53, 55, 116
荷電粒子　124
　動く——　120

完全導体(導体)　34
気体定数　233
球座標(3次元極座標)　32, 51, 54, 140,
　143, 179, 197, 229
球座標＊　32, 51, 86, 140, 143, 179, 197
球座標†　53
球面波　197
境界条件　63
偶力のモーメント　131
偶力のモーメント●　131
クーロンの法則　7
　誘電体中での——　83
クーロンの法則†　15, 23, 83
屈折角　187
屈折角●　187
屈折の法則　187
屈折率　187
屈折率＊　187
傾斜(grad)　226
傾斜＊　179
原始関数(不定積分)　219
原子番号　13
原子量　13
減衰振動　211
コイル＊　159, 162, 168, 171
合成関数の微分　218
コンデンサー　36, 37
　平行平板——　64, 66, 76, 79
　平板——　48
コンデンサー＊　37, 171
　平行平板——＊　64, 66, 76, 79
　平板——＊　48

サ

三角関数　212
磁荷　97
磁荷＊　97
時間変化する磁場　146, 162
時間変化する電場　146, 164
磁気エネルギー　150

●：〜を求める問題　★：〜の問題　†：〜を利用する問題

式の証明★　114, 124
磁気の単位　90
次元　6
自己インダクタンス　149, 166
自己インダクタンス●　166
仕事●　25
自己誘導　149
指数　214
指数関数　212
磁束密度　90
磁場　90, 102, 105, 107, 110, 116
　　——におけるガウスの法則　137
　　——の力　120, 126, 129, 131, 137, 157
　　時間変化する——　146, 162
磁場●　102, 105, 107, 110, 116, 126, 164, 185, 209
磁場★　134, 162, 197, 200
磁場におけるガウスの法則†　137
磁場の力●　129, 137
磁場の力†　131
自由電荷　34
自由電子　34
磁力線　90
真空中の光の速さ　7, 184, 233
真空の透磁率　90, 120, 184, 233
真空の誘電率　7, 37, 38, 59, 184, 233
スカラー積(内積)　224
静磁気力　97
静磁気力●　97
静電エネルギー　36, 53, 66
　　——密度　36, 53
静電エネルギー●　53, 66
静電エネルギー密度†　53
静電気力　126
静電気力●　44, 97, 126
静電遮蔽　35, 53
静電ポテンシャル　55, 86, 88
静電ポテンシャル●　55
正方形のコイル　159

積の微分公式　217
積分　219
積分定数　56
絶縁体(誘電体)　58, 64, 66, 69, 73, 76, 79, 81
接地点　39
双極子モーメント　11, 21
相互インダクタンス　149, 168
相互インダクタンス●　168
相互誘導　150
速度に比例する抵抗力　158
素電荷(電気素量)　6, 13, 233
ソレノイド・コイル　94, 110, 137, 166, 168
ソレノイド・コイル★　110, 137, 166, 168

タ

対数　214
単位　6
　　電磁気学の——　98
単位★　98
単位磁極　90
力●　21, 41, 83, 83, 126, 129, 137
置換積分法　220
直線電流　107, 116, 126, 129, 131
直線電流★　107, 116, 124, 126, 129, 131
直列接続　64
直交座標　31, 229
定常電流　91, 102, 105
定常電流★　102, 105
定常波　202
定常波★　202
デカルト座標　9, 30, 51, 114
電位　8, 16, 23, 25, 28, 39, 48
電位●　16, 23, 28, 39, 41, 152, 171
電位†　18, 23
電荷　8, 16, 18, 40, 41, 83, 97, 100, 124, 134

索引　235

電荷　16, 18, 39, 41, 83, 98, 100, 124, 134
電荷の線密度　23, 25, 44, 88
電荷の線密度●　88
電荷の保存則　91, 100, 146, 172
電荷の保存則†　100, 171
電気鏡像法　35, 41, 44, 83
電気鏡像法†　41, 44, 83
電気振動　150, 171
電気振動★　171
電気双極子　11, 17, 21
　　──モーメント　11, 21
電気双極子★　21
電気素量(素電荷)　6, 13, 233
電気容量　36, 37, 38, 46, 48, 53, 59, 64
電気容量●　37, 46, 48, 64
電気力線　7, 10
電気量●　13, 15
電子　6, 134
　　──の静止質量　233
点磁荷　97
電磁気学の単位　98
電磁波　182, 191, 195, 200
　　──における電場のエネルギー密度　195
　　──のエネルギー密度　182
　　球面波の──　197
電磁波★　191, 202
電磁誘導　147
電磁誘導★　152, 154, 156, 159, 162, 164, 166, 168, 171
電信方程式　211
電束密度　59, 69, 73
電束密度●　73
電束密度★　69
電束密度†　79, 81
電池の仕事　68
点電荷　8, 16, 18, 40, 41
電場　8, 16, 18, 23, 25, 28, 34, 39, 44, 48, 69, 73, 86

時間変化する──　146, 164
誘電体内部の──　60, 69, 73, 79, 81
電場●　16, 18, 23, 28, 39, 73, 79, 81, 209
電場★　21, 69, 134, 164, 197, 200, 202, 206
電場†　25, 28
電流　91, 124, 185
　　──密度　91, 100, 102, 186
　　円形──　95, 105, 110
　　直線──　107, 116, 126, 129, 131
　　定常──　91, 102, 105
電流●　171
電流密度●　100
電流密度★　102, 185
等加速度運動　134
透過率　206
透過率●　206
導関数(微分係数)　217
透磁率　187, 206, 209
　　真空の──　90, 120, 184, 233
透磁率★　184, 187, 206, 209
等速運動　156
等速円運動　122, 135
導体(完全導体)　34
　　円筒形の──　46
　　平面──　44
導体球　37, 83
導体球★　37, 83
導体球殻　39, 53
導体球殻★　39, 53
導体板　191
導体棒　44, 88, 102, 152, 154, 156
導体棒★　44, 88, 102, 152, 154, 156
等電位図　18
特殊相対性理論　120, 128

ナ

内積(スカラー積)　224
ナブラ(∇)　9, 10, 86, 88

入射角　187
入射角*　187

ハ

発散(div)　114, 140, 179, 227
発散*　114, 140, 179
波動方程式　182, 189, 231
波動方程式*　189, 191, 195, 197, 200, 209
速さ●　156
反射率　206
反射率●　206
万有引力定数　233
万有引力の法則　7
ビオ-サバールの法則　94, 105, 107, 110, 168
ビオ-サバールの法則†　105, 107, 110, 168
光の速さ　7, 184, 233
光の速さ*　184
微小体積要素　51
微小面積要素　30
微分　217
　——演算子　226
　——係数(導関数)　217
　　合成関数の——　218
微分方程式
　2階線形——　172
　2階——　56
比誘電率　59
ファラデーの法則　148, 159
ファラデーの法則†　154, 159, 162
ファラデー-レンツの法則　148
物質内での電磁場　209
不定積分(原始関数)　219
部分積分法　221
プランク定数　233
分極電荷密度　61, 69
分極電荷密度*　69
分極ベクトル　62, 69, 73, 76

分極ベクトル●　69, 73, 76
平行平板コンデンサー　64, 66, 76, 79
平行平板コンデンサー*　64, 66, 76, 79
平板コンデンサー　48
平板コンデンサー*　48
平面電磁波　191
平面導体　44
平面導体*　44
並列接続　64
ベクトル積(外積)　224
ベクトル・ポテンシャル　95, 116
ベクトル・ポテンシャル●　116
変位電流　146, 164, 185
変位電流*　185
偏微分　222
偏微分方程式　174
偏微分方程式*　174
ポアソンの方程式　12
ポインティング・ベクトル　183, 202
ポインティング・ベクトル*　202
ボルツマン定数　233

マ

マクスウェルの応力　139
マクスウェルの方程式　180, 185
マクスウェルの方程式†　185, 191, 195, 209
右ねじの規則　93, 120
右ねじの規則†　105, 107, 110, 129, 131, 134, 137, 152, 156
無限に拡がる導体板　191

ヤ

誘電体(絶縁体)　58, 64, 66, 69, 73, 76, 79, 81
　——中でのクーロンの法則　83
　——内部の電場　60, 69, 73, 79, 81
誘電体*　64, 66, 69, 73, 76, 79, 81, 209
誘電分極　58

誘電率　58,64,66,69,73,76,79,81,
　　83,187,206,209
　　真空の——　7,37,38,59,184,233
誘電率●　79,184
誘電率★　64,66,69,73,76,79,81,83,
　　187,206,209
誘導起電力　147,152,154,155,157,
　　159,162,166,170,172
誘導起電力●　154,159,162
誘導起電力★　152,156,166,168,171
誘導電流　148,157,159,163
誘導電流●　159
陽子　6
　　——の静止質量　233
横波　191

ラ

ラプラスの方程式　12,55
ラプラスの方程式†　55
レンツの法則　148,160
ローレンツ力　122,134,147,152
ローレンツ力★　134
ローレンツ力†　152,156

数字・欧文

2階線形微分方程式　172
2階微分方程式　56
2次元極座標　30,88
2次元極座標★　30,88
3次元極座標(球座標)　32,51,54,
　　140,143,179,229
3次元極座標★　32,51,86,140,143,
　　179,197
3次元デカルト座標系　32
div(発散)　114,140,179,227
div★　114,140,179
grad(傾斜)　226
grad★　179
rot(回転)　114,143,228
rot★　114,143,174

∇(ナブラ)　9,10,86,88
∇★　86,88,140,143,179

著者紹介

橋元 淳一郎
（はしもとじゅんいちろう）

　　1971年　京都大学理学部物理学科修士課程修了
　　現　在　相愛大学人文学部教授

NDC 427　238 p　21 cm

単位が取れるシリーズ
単位が取れる電磁気学演習帳
（たんいがとれるでんじきがくえんしゅうちょう）

2007年8月1日　第1刷発行

著　者　橋元 淳一郎（はしもとじゅんいちろう）
発行者　野間佐和子
発行所　株式会社　講談社
　　　〒112-8001　東京都文京区音羽2-12-21
　　　　　　販売部　(03)5395-3622
　　　　　　業務部　(03)5395-3615
編　集　株式会社　講談社サイエンティフィク
　　　　代表　佐々木良輔
　　　〒162-0814　東京都新宿区新小川町9-25　日商ビル
　　　　　　編集部　(03)3235-3701
印刷所　豊国印刷株式会社
製本所　株式会社国宝社

落丁本・乱丁本は、購入書店名を明記のうえ、講談社業務部宛にお送りください。送料小社負担にてお取り替えします。
なお、この本の内容についてのお問い合わせは講談社サイエンティフィク編集部宛にお願いいたします。
定価はカバーに表示してあります。

© Junichiro Hashimoto, 2007

JCLS 〈(株)日本著作出版権管理システム委託出版物〉
本書の無断複写は著作権法上での例外を除き禁じられています。複写される場合は、その都度事前に(株)日本著作出版権管理システム（電話03-3817-5670、FAX 03-3815-8199）の許諾を得てください。

Printed in Japan

ISBN978-4-06-154476-5

単位が取れるシリーズ

単位が取れる 微積ノート
馬場 敬之・著　　A5・205頁・定価2,520円(税込)

大学受験界の大御所・馬場敬之先生が大学生に贈る、新感覚の学習参考書。「板書するのって、面倒くさい…」「試験対策用の参考書が欲しい…」そんなあなたにお薦めする一冊。もうノートのコピーは、いりません。

単位が取れる 線形代数ノート
齋藤 寛靖・著　　A5・190頁・定価2,100円(税込)

予備校きっての人気講師・齋藤寛靖先生が、線形代数のもつれた糸を解きほぐす。いらない証明や役立たずな定理はばっさり省略し、本当に必要な要点だけを明快に詳述。本書で勉強すれば試験で差がつくこと請け合いである。

単位が取れる 微分方程式ノート
齋藤 寛靖・著　　A5・204頁・定価2,520円(税込)

予備校きっての人気講師・齋藤寛靖先生が、微分方程式の試験に頻出する重要なポイントをやさしく丁寧に解説。カラフルでわかりやすい内容が自慢の、これまでなかった全く新しい学習参考書。

単位が取れる 統計ノート
西岡 康夫・著　　A5・220頁・定価2,520円(税込)

受験数学界の泰斗・西岡康夫先生が満を持して解き放つ最高の学習参考書！ ビデオの売り上げなど、大学生に身近なデータを駆使し、統計に親しみが持てるよう工夫した。統計のエッセンスが凝縮された大学生必携の一冊。

単位が取れる 力学ノート
橋元 淳一郎・著　　A5・189頁・定価2,520円(税込)

大学生のための参考書、ついに登場！ 力学の試験に必要な知識をコンパクトにまとめ、また頻出する問題を厳選しました。これを超人気講師、橋元淳一郎先生がていねいに解説します。力学の単位はこの一冊にお任せ！

単位が取れる 電磁気学ノート
橋元 淳一郎・著　　A5・238頁・定価2,730円(税込)

あの『単位が取れる 力学ノート』の著者・橋元淳一郎先生が贈る、大学生向け試験対策本の第2弾。無闇に暗記をしても試験で点数はとれません。要所をきちんとおさえ、効率的に電磁気学を勉強したいアナタに。

単位が取れる 量子力学ノート
橋元 淳一郎・著　　A5・270頁・定価2,940円(税込)

大学生待望の橋元流物理学に第3弾登場！予備校の人気講師にして著名なSF作家、そして科学解説のエキスパートである橋元淳一郎先生が、今度は量子力学の謎を解き明かす。最高級の知的興奮をアナタに。

単位が取れる 熱力学ノート
橋元 淳一郎・著　　A5・204頁・定価2,520円(税込)

大学生待望の橋元流物理学もいよいよ第4弾。懇切ていねいな解説は、熱力学の本質を直感させてくれます。そして豊富なイラストは、確実な理解をしっかりサポート。こころ踊る知的冒険の旅が、いま、はじまる！

単位が取れる 橋元流 物理数学ノート
橋元 淳一郎・著　　A5・166頁・定価2,310円(税込)

「物理数学」も橋元流におまかせあれ！「物理はイメージだ！」でおなじみの人気予備校講師・橋元淳一郎先生が、物理数学をマスターする秘訣を伝授。満足度120％の最強・最高の入門書登場！

単位が取れる 有機化学ノート
小川 裕司・著　　A5・222頁・定価2,730円(税込)

有機化学でお悩み中の大学生に朗報。有機化学の単位を取りたい大学生のために、受験界の著名講師が試験に頻出する単元を整理し、達意の文章で解説する。有機化学の試験対策はこの一冊で決まり！

単位が取れる 量子化学ノート
福間 智人・著　　A5・190頁・定価2,520円(税込)

受験生に大人気の有名講師・福間智人先生が大学生のために特別講義！ その洗練された解説はあくまで軽快、その読後感はあくまで爽快。読者にストレスを感じさせない鮮やかでスッキリとした量子化学入門書。

定価は税込み(5%)です。定価は変更することがあります。

「2007年6月20日現在」

講談社サイエンティフィク　http://www.kspub.co.jp/